T0226109

أساسيات
كيمياء البوليمرات
والغروانيات

بسم الله الرحمن الرحيم

الإهداء

إلى زوجتى وأولادى ... حبا وإعزازا

دكتور
محمد فكرى الهادى

أساسيات
كيمياء البوليمرات والغروانيات

الأستاذ الدكتور
محمد فكرى الهادى
أستاذ الكيمياء الفيزيائية
جامعة الأزهر

الأستاذ الدكتور
متولى شفيق متولى
أستاذ الكيمياء الفيزيائية
جامعة الأزهر

الأكاديمية الحديثة للكتاب الجامعى

الكتاب: أساسيات كيمياء البوليمرات والغروانيات
المؤلف: الدكتور / محمد فكرى الهادى ، الدكتور / متولى شفيق متولى

مراجعة لغوية : قسم النشر بالدار
رقم الطبعة : الأولى
تاريخ الإصدار : ٢٠١٠ م
حقوق الطبع : محفوظة للناشر

الناشر : الأكاديمية الحديثة للكتاب الجامعى
العنوان : ٨٢ شارع وادى النيل المهندسين ، القاهرة ، مصر
تلفاكس : ٣٣٠٣٤ ٥٦١ (٠٠٢٠٢) ٠١٢/١٧٣٤٥٩٣
البريد الإليكترونى : J_hindi@hotmail.com
رقم الإيداع : ٢٢٦٣٥ / ٢٠١٠
الترقيم الدولى : ٩٧٧ - ٦١٤٩ - ٥٤ - ٥

المقدمة

يتضمن الكتاب دراسة وافية عن التقنيات الحديثة والمستخدمة لقياس وتقدير أحجام وأشكال الجزيئات الضخمة، واستخدام الضغط الأسموزى لتقدير الكتل المولارية للجزيئات.

وبالكتاب فكرة وافية ومتكاملة عن بعض المقاطع المهمة والمشتملة على حرارة ثيتا والمحاليل أحادية التشتت وعديدة التشتت ، وكذا عن البولى إليكتروليتات، وقد ورد بالكتاب فكرة عن عملية الديلزة كأحد طرق تنقية المحاليل الغروية وأيضا الديلزة الكهربائية. وبالكتاب مقارنة واضحة بين المتوسط العددى والمتوسط الكتلى للكتل المولارية وكذا تأثير ذوبان وتأثير الوقى الأيونية على الاتزان الأسموزى. ومن طرق تنقية المحاليل الغروية استخدام عملية الطرد المركزى الفوقى، وأيضا العلاقة بين سرعة الترسب واستخدامها فى تقدير أشكال الكتل المولارية للجزيئات والاستضاءة فى هذا المجال من الاتزانات بالترسب .

وقد تضمن الكتاب طريقة تقدير الشحنات على سطح الدقائق الغروية، ومن هذه التقنيات طريقة هجرة الدقائق المشحونة بالكهربية (إليكترفوريسيز). ومن التقنيات المستخدمة فى تقدير الكتل المولارية طريقة اللزوجة الذاتية .

وقد أشار الكتاب إلى خاصية فيزيائية هامة للجزيئات الضخمة وهى قدرتها على تشتيت الضوء والاستفادة من العلاقات فى تقدير تصنيف قطر الدقيقة ومن ثم الكتلة المولارية. وذكر الكتاب فكرة عن التركيب الأولى والثانوى للبروتينات وكذا التركيب الحلزونى الحلقى العشوائى للجزيئات وتقدير إنتروبى التركيب .

من ضمن الدراسة التى أولاها الكتاب أهمية خاصة الروابط

البتيدية ودورها فى تقدير التراكيب الثانوية للبروتينات. وهناك فكرة عامة عن الغروانيات وطرق تحضيرها وتنقيتها، وشملت الدراسة فكرة عن تكوين المسيلات والتركيز الحرج بالإشارة إلى الشحنات الموجودة على أسطح الدقائق .

والكتاب فى صورته هذه يعتبر مرشدا عمليا عن تركيب الجزيئات الضخمة وخواصها الفيزيائية .

ويشتمل على العديد من العلاقات الرياضية والرسوم التوضيحية وكذا بعض الجداول اللازمة لحل بعض المسائل، وقد حرصنا على أن يكون الكتاب به العديد من المسائل والأسئلة يتدرب الطالب على كيفية استخدام المعادلات والعلاقات الرياضية .

والكتاب فى مجمله يعتبر مرجعا لطلاب العلوم والهندسة ويستفيد منه أيضا طلاب الدراسات العليا المهتمين بالدراسة التطبيقية على الجزيئات الضخمة وخاصة البوليمرات العالية المخلقة بجانب المركبات الطبيعية .

و الله الموفق وهو الهادى إلى سواء السبيل ،،،

المؤلفان

الباب الأول
المركبات العضوية واللاعضوية
ذات الجزيئية الضخمة

المقدمة :

سميت البوليمرات أو مركبات الجزيئات الضخمة بهذا الإسم بسبب كبر وزنها الجزيئى، وهذا يميزها عن مركبات الجزيئات الصغيرة، التى نادرا ما يصل وزنها الجزيئى إلى بضع مئات. ولقد إتفق فى الوقت الحاضر على أن تنسب لمركبات الجزئيات الضخمة، المواد التى يتجاوز وزنها الجزئيى 5000 (حتى عدة ملايين).

وتسمى جزيئات هذه المركبات بالجزيئات الضخمة (macromolecules) ، أما كيمياء هذه المركبات فتدعى بكيمياء الجزيئات الضخمة أو كيمياء البوليمرات. وينحصر المضمون الأساسى لكيمياء مركبات الجزيئات الضخمة فى دراسة الخصائص الموجودة فى القوانين العامة، وفى مفاهيم وطرق الكيمياء، الناتجة عن وجود عدد كبير من الذرات المرتبطة كميائيا فى الجزئ.

المركبات العضوية واللاعضوية ذات الجزيئات الضخمة:

المركبات العضوية ذات الجزيئات الضخمة هى أساس الطبيعة الحية، فالمركبات الهامة الداخلة فى تركيب النباتات، مثل متعدد السكريات، واللجنين، والبروتينات، والمواد البيكتينية، كلها جزيئات ضخمة. كما أن الخواص الميكانيكية الهامة للب الخشب، والقطن، الكتان، ناتجة عن إحتوائها على مقدار كبير من متعدد السكريات ذى جزئ ضخم هو السيللوز. وهناك متعدد السكريات آخر هو النشا، الذى يشكل القسم الرئيسى من تركيب البطاطس، والقمح، والأرز، والذرة، والشعير وبالإضافة إلى ذلك، يعتبر الفحم النباتى، والفحم الحجرى، نواتج التحول الجيولوجى للأنسجة النباتية، وبشكل رئيسى السيللوز والليجنين، لذلك يمكن أن تنسب هذه المواد إلى مركبات الجزيئات الضخمة أيضا. ونجد فى الجدول (1) تركيب بعض المواد النباتية الهامة.

جدول رقم (1)
النسبة المئوية لمركبات الجزيئات الضخمة فى بعض المواد النباتية

المادة	الكمية مقدرة بالنسبة المئوية من الوزن الجاف				
	السيليلوز	النشا	جولى سكريدات أخرى	الليجنين	المجموع
الخشب					
الأشجار الصنوبرية	56	–	14	27	97
الأشجار المورقة	52	–	23	21	96
النباتات البحرية	6	–	51	–	58
الفحم النباتى	35	–	18	8	61
البطاطا	5	74	4	–	86
القمح	–	71	14	–	85
الذرة	–	66	12	–	78
الأرز	–	75	8	–	83

إن المادة النباتية الموجودة على الكرة الأرضية كبيرة جدا، لدرجة أن عدد المركبات ذات الجزيئات الضخمة الداخلة فى تركيبها يشكل رقما هائلا يفوق العدد الكلى لجميع المركبات العضوية الأخرى .

a – الكربوهيدرات كمركبات ضخمة:

عالم النباتات مصنع ضخم للمركبات ذات الجزيئات الضخمة، حيث يتحقق فيه التخليق البيوكيميائى لبولى السكريدات العالية والليجنين. كما أن الإنزيمات (enzymes) البروتينية تلعب دور الحفازات فى عمليات النباتات المعقدة، المؤدية إلى تخليق مواد ذات جزيئات ضخمة. ويشكل ثانى أوكسيد الكربون المادة الأولية فى تخليق الكربوهيدرات (carbohydrates). فهو ينطلق بلا إنقطاع فى الهواء لكونه الناتج النهائى لأكسدة كل المركبات الحاوية على الكربون. أما العملية الطبيعية الوحيدة، التى يتعرض فيها ثانى أوكسيد الكربون لتحول عكسى، هى تمثيله من قبل النباتات. لهذا السبب تتدعم دورة الكربون، ويحتفظ بتوازنه فى الكرة الأرضية.

أمـا النتيجـة النهائيـة والهامـة فى عمليـة التمثيـل هـذه، فهـى تكـوين بـولى السكريدات العالية، ويمكن التعبير عنها بالمعادلة :

$$6nCO_2 + 5nH_2O \rightarrow [C_6H_{10}O_5]n + 6nO_2$$

ويتطلب تحقيق هذه العملية، صرف كمية كبيرة مـن الطاقة المأخوذة مـن الأشعة الشمسية، إذ تتحول الطاقة الضوئية فى النباتات إلى طاقة كيميائية صعبة الإنتشار، حيث إنها تتجمع فى المادة النباتية، أى فى مركبـات الجزيئـات الضخمة المتشكلة. أما الطاقة الشمسية المخزونة فتستخدم فى نواح مختلفة، مثال ذلك ما يجرى فى عملية هضم المواد الغذائية من قبل الجسـم الحـى، أثنـاء حـرق المـادة النباتية أو نـواتج تحولاتهـا الجيولوجيـة (الفحـم النبـاتى، الفحم الحجـرى). كـما تستخدم أيضا فى عملية التحولات الكيميائية اللاحقة...إلخ. ويتشكل مـن جديد ثانى أوكسيد الكربون نتيجة إنطلاق الطاقة المخزونـة فى النباتـات. وبهذا الشكل تقفل دورة الكربون فى الطبيعة.

b- البروتينات كجزيئات ضخمة :

الطاقة الكيميائية هى النوع الرئيسى من أنواع الطاقة التى تأخذها الأجسـام الحية، وينحصر الدور الأساسى فى عالم النباتات، فى إختزان هذه الطاقة، والحفـاظ على توازن الكربون فى الطبيعة. فالنباتات نفسها مجموعة معقـدة مـن المركبـات العضوية، تشكل الكربوهيدرات ذات الجزيئـات الضخمة القسم الرئيسى- فيهـا، كما تشكل البروتينات، التى هى مركبات ذات جزيئات ضخمة أيضا، أساس العالـم الحيوانى، حيـث تعتـبر القسم الرئيسى- الهـام فى تركيب كـل المـواد ذات الأصل الحيوانى تقريبا. إذ تتألف العضلات، والأنسجة الرابطة، الـدماغ، والـدم، والجلد، والشعر، والصوف، والقرون، من البروتينات ذات الجزيئات الضخمة (جدول 2).

جدول رقم (2)

نسبة وجود البروتينات فى بعض المواد ذات المنشأ الحيوانى

المادة	البروتينات	كمية البروتينات مقدرة بالنسبة المئوية بالوزن الحاف للمادة
أنسجة الإنسان العضلية	الميوجين، الميوزين، الجلوبيولين	80-70
الدماغ	الألبيومين، الجلوبيولين، النيروجلوبيولين	51-31
الدم	الألبيومين، الجلوبيولين، الليسيتين	40
الجلد	الكولاجين، الأيلاستين، الألبيومين	98-93
الصوف	الكيراتين	88-86
الحليب	الكازيين، الألبيومين	24

إن وظيفة البروتينات فى الجسم متعددة الجوانب، فإلى جانب المواد البروتينية، الداخلة فى تركيب الأنسجة اللحائية، والإستنادية، مؤمنة بذلك صلابة الهيكل العظمى، والوظائف الدفاعية، وعمل العضلات، يوجد عدد هائل من البروتينات، التى تلعب دور الحفازات. وتسمى بالأنزيمات، والتى تتحقق بواسطتها كل التحولات الكيميائية المعقدة فى الجسم الحى.

ويحدد الدور، الذى تلعبه البروتينات فى العمليات الحياتية أهميتها بالنسبة للبشرية. "الحياة هى طريقة وجود الأجسام البروتينة، وتنحصر طريقة الموجود هذه فى جوهرها فى عمليات التجدد الذاتى الدائمة للأجزاء الكيميائية المكونة لهذه الأجسام".

وتستخدم البشرية فى حاجاتها مواد متنوعة ذات منشأ حيوانى، أهمها المواد الغذائية (كاللحم، والسمك، والحليب)، والصوف، والحرير الطبيعى، والجلود، حيث تشكل البروتينات العنصر الرئيسى فى تركيبها.

C – الأحماض النووية كمركبات ضخمة :

تلعب الأحماض النووية (nucleic acids) ذات الجزيئات الضخمة، دورا هاما فى النشاط الحيوى للأجسام الحيوانية والنباتية، وهى عبارة عن بولى إيثيرات حمض الفوسفوريك و N – الريبوزيدات. كما تشترك هذه الأحماض فى التخليق البيوكيميائى للبروتينات. وتشكل الأحماض النووية منقوصة الأوكسجين (desoxyribonucleic acids) بالإشتراك مع البروتينات، الحامل المادى للوراثة.

وتنتشر مركبات الجزيئات الضخمة المختلطة، وهى البروتينات، التى تحتوى إما على مكون كربوهيدرى أو ليبيدى، أو ترتبط مع الأحماض النووية، ومتعدد السكريات الحاوية إما على مركب بروتينى أو على مركب ليبيدى، أو على الإثنين معا. وتقوم هذه المركبات المختلفة ذات الجزيئات الضخمة بوظائف هامة جدا فى الجسم، إذ تحدد الفصيلة التى ينتمى إليها جسم الإنسان والحيوان، كما تعين خصائص الميكروبات التى تلعب -كما يبدو -دورا واضحا فى ظاهرة المناعة. وتدخل المركبات المختلطة ذات الجزيئات الضخمة فى تركيب أنسجة الجسم العصبية والأنسجة الرابطة وفى السوائل الإفرازية، كما تشترك فى تنظيم العمليات العصبية. وتنتمى أيضا بعض الأنزيمات والهرمونات المنظمة لنشاط الجسم الحيوى، إلى مركبات الجزيئات الضخمة المختلطة.

فمسألة وجود العالم الحيوانى أو النباتى إذن، هى عملية تشكل وتحول وتفكك الكربوهيدرات والبروتينات ذات الجزيئات الضخمة. فلا توجد فى الطبيعة مواد عضوية تتصف بمثل هذه الأهمية، التى تتصف بها الكربوهيدرات العالية والبروتينات والأحماض النووية.

وهناك نوع آخر هام من المركبات العضوية الطبيعية ذات الجزيئات الضخمة، هى الكاوتشوك الطبيعى، إلا أن دوره فى

الحقيقة ينحصر فقط فى الإستعمالات التكنيكية، وفى نفس الوقت لايمكننا أن نتصور التكنيك الحديث بدون المطاط، الذى تم الحصول عليه لسنوات عديدة من الكاوتشوك الطبيعى فقط. ومنذ وقت غير بعيد تم الحصول على أنواع من الكاوتشوك، تقارب صفاتها صفات الكاوتشوك الطبيعى، وقد تتفوق عليه فى بعض الصفات الأخرى. وتلعب مركبات الجزيئات الضخمة فى المعادن نفس الدور الكبير، الذى تلعبه المركبات العضوية ذات الجزيئات الضخمة فى العالم الحى.

d – المركبات اللا عضوية كجزيئات ضخمة :

ويتألف القسم الرئيسى للقشرة الأرضية من أكاسيد السليكون والألومنيوم وأكاسيد العناصر الأخرى ذات التكافؤ المتعدد، المرتبطة فيما بينها، بشكل جزيئات ضخمة. ومن أكثر هذه الأكاسيد إنتشارا هو الأوكسيد اللامائى أو انهيدريد السيليكون [$SiO_2]_n$، الذى هو بلا شك مركب ذو جزئ ضخم. ويشكل هذا الأنهيدريد 50% من مجموع كتلة الكرة الأرضية، بينما تصل نسبته إلى 60% فى القسم الخارجى من القشرة الأرضية (الطبقة الجرانيتية). والمعتقد أن الكمية الرئيسية من السيليكون توجد فى القشرة الأرضية بشكل بوليمرات انهيدريد السيليكون النقى، ويشكل سيليكات معقدة ذات جزيئات ضخمة (وبشكل خاص سيليكات الألومنيوم)، إلا أن كمية قليلة منه تشكل سيليكات ذات جزيئات صغيرة.

ويعتبر الكوارتز أحد أشكال انهيدريد السيليكون الأكثر إنتشارا، حيث يشكل القسم الأساسى من الرمل والصخور، كما أن البلور الصخرى والأميتيست (الكركهان)، يعتبران من انهيدريد السيليكون البوليمرى النقى تقريبا.

ويوجد أوكسيد الألومنيوم $[Al_2O_3]_n$ البوليمرى فى الطبيعة، بشكل معدن الكورندوم والمعادن الثمينة كالياقوت الأحمر والياقوت الأزرق. والمعتقد أن المواد الطينية تتألف من سيليكات الألومنيوم ذات الجزيئات الضخمة المتغيرة التركيب. ويحتمل أن يكون الأسيستوس والميكا، وهما عبارة عن سيليكات معقدة التركيب، ذات بنية جزيئية ضخمة. كما وتعتبر الأشكال المختلفة للكربون العنصرى (الماس، الجرافيت، الكرون اللابلورى) مواد لها صفات الجزيئات الضخمة.

دور المركبات ذات الجزيئات الضخمة فى الطبيعة :

إن الطبيعة الحية، كما ذكرنا آنفا، عبارة عن أحد أشكال وجود المركبات العضوية ذات الجزيئات الضخمة، كما أن هذه الطبيعة تتطور بالتعاون مع العالم اللاعضوى، المؤلف بشكل رئسى- من مركبات ذات جزيئات ضخمة. لذا يمكن القول أن الماء والهواء منتشران فى الكرة الأرضية بنفس الشكل الواسع الذى تنتشر فيه مركبات الجزيئات الضخمة.

كما تستخدم وتصنع البشرية أيضا، مواد ذات جزيئات ضخمة، لا تنافسها من حيث الأهمية سوى المعادن المستخدمة كمواد إنشائية، والوقود المستخدم كمنبع للطاقة. والمواد الغذائية (علما بأن الوقود والمود الغذائية تتألف، بدرجة كبيرة، من مواد ذات جزيئات ضخمة). كما وأن سبب هذا الإنتشار الواسع والأهمية الكبيرة لهذه المركبات ناتج عن خواصها العامة الناجمة عن تعقيد الجزيئات الضخمة وأبعادها الكبيرة.

a - الحركة فى الجزيئات الضخمة :

من المعلوم فى علم الكيمياء أنه كلما إزداد الوزن الجزيئى للمركبات الكيميائية تناقصت قابلية جزيئاتها للحركة. ومن

الضروری هنا التأكيد على أن ثبات المركبات الضخمة، ليس ناتجا عن الكمون الثرموديناميكى المنخفض (أى إحتياطى الطاقة الحرة الصغير)، وإنما ناتج عن إنخفاض قابلية الجزيئات الضخمة للحركة، وعن سرعتها البطيئة فى الإنتشار. إن كل التعيرات الفيزيوكيميائية فى الأجسام كالإنصهار، والذوبان، والتبلور، والتبخر، والتحور، لابد وأن ترتبط بإنتقال الجزيئات. وبالتالى تتطلب التحولات الكيميائية، التى لا يمكن أن تحدث بدون إحتكاك مباشر بين جزيئات المواد المتفاعلة، إنتقال ونفوذ أحد المركبات فى كتلة المركب الآخر. فمن البديهى إذن أن تتعرض جزيئات المركبات ذات الجزيئات الصغيرة، التى هى أكثر قابلية على التحرك من الجزيئات الضخمة، للتحولات الكيميائية والفيزيوكيميائية بسهولة أكثر. وتكون الأجسام ذات الجزيئات الضخمة أكثر الأجسام مقاومة للتحولات الكيميائية والفيزيوكيميائية فى الظروف الحرارية للكرة الأرضية. فلو كانت عناصر الطبيعة الحية والجامدة مؤلفة من مركبات ذات جزيئات صغيرة لكان عمرها صغيرا جدا.

ولما كانت المركبات العضوية ذات الجزيئات الضخمة تتعرض للتغيرات بسهولة أكثر من المركبات اللاعضوية. لذا يجرى نمو وتطور الطبيعة الحية بشكل أسرع من نمو وتطور الطبيعة الجامدة. كما أن ثبات الأجسام اللاعضوية ذات الجزيئات الضخمة كبير لدرجة أن التغير الملحوظ فى الطبيعة غير الحية (الجامدة). يتطلب فترات كبيرة من الزمن. تؤلف عصورا جيولوجية.

b - التنوع فى الجزيئات الضخمة :

ونظرا لعدد الذرات الكبير الموجود فى الجزئ الضخم، قد تحتوى المركبات ذات الجزيئات الضخمة على عدد كبير من الأيزوميرات Isomers حتى فى المركبات البسيطة الأولية (كالهيدروكرونات

المشبقة العالية ذات الجزيئات الضخمة). فمثلا نجد أن عدد الأيزومرات البنيوية فى الهيدروكربون العالى الحاوى على 14 ذرة كربونية يساوى 1858، فى حين يصل هذا الرقم إلى 366319 فى حالة الهيدروكربون الحاوى على 20 ذرة كربونية. علما بأن هذه الهيدروكربونات لا تعتبر مركبات ذات جزيئات ضخمة. وتزداد إمكانية الأيزومرية (isomerism) البنيوية، فإذا أخذنا بعين الإعتبار أيضا عدد الأيزومرات الفراغية (stereoisomers)، يصبح من الواضح عندئذ أن تنوع المركبات ذات الجزيئات الضخمة ليس له حدود. ومن هنا ينتج أيضا، التنوع الكبير لظواهر الطبيعة وخاصة الظواهر الحياتية، ذلك لأن غالبية العمليات الطبيعية إنما هى عمليات تشكل وتغير، وتحول الأجسام ذات الجزيئات الضخمة.

c - ثبات المركبات ذات الجزيئات الضخمة :

ويعتبر ثبات ومقاومة المركبات ذات الجزيئات الضخمة للتحولات الفيزيوكيميائية، وتعدد أنواعها من الأسباب الرئيسية، التى تحدد دور وإنتشار هذه المركبات فى الطبيعة. وتجرى بلا إنقطاع فى ظروف الكرة الأرضية. التحولات المتبادلة والمتنوعة بين المركبات ذات الجزيئات الضخمة والمركبات ذات الجزيئات الصغيرة. وتعتبر دورة الكربون فى الطبيعة، مثالا هاما عى هذه التحولات المتبادلة. كما أن هذا التناوب فى تكون وإنحلال المركبات ذات الجزئيات الضخمة إنما هو من المميزات الخاصة والهامة للتعبير الدقيق عن الحركة الكيميائية للمادة فى الظروف الحرارية للكرة الأرضية. بينما نرى فى درجات الحرارة العالية، كما فى كتلة النجوم الباردة مثلا، أن التحولات الغالبة هى التحولات المتبادلة للذرات والجزيئات البسيطة، أو العمليات التى تكون فيها الذرات الحرة هى الدقائق الأكثر تعقيدا.

إلا أنه لا يجوز القول، بأن هـذه التحـولات المتتابعـة هـى عمليـات متناوبـة بدقـة كاملة. فمثلا، يتشكل مركب معين ذو جزيئات صغيرة ثم يتحول إلى مركب معلوم ذى جزيئات ضخمة، وبعدها يتفكك هـذا الأخـير إلى مركبات جديدة معينة ذات جزيئات صغيرة أيضا....إلخ. وفى الحقيقة أن كلا مـن هـذه التحـولات ليس إلا مجموعة تحولات متتابعة لمركب واحد ذى جزيئات صغيرة، يتحول إلى مركب آخر ذى جزيئات صغيرة أيضا، ومـن مركب ثان إلى ثالث وهكذا إلى أن يحـدث فى النهايـة تحـول مركـب ذو جزيئـات صـغيرة إلى مركب ذى جزيئـات ضخمة. أما العمليـة العكسـية فتتـألف مـن تحـولات متتابعـة أيضـا. ومتعـددة الأشكال، وتؤدى إلى تفكك المـادة المتشكلة ذات جزيئـات ضخمة وتحولها أخـيرا إلى مركب ذى جزيئات صغيرة. وتـؤدى كـل هـذه التحـولات إلى تغـير فى خـواص المركبات الكيميائية، أى ترافقهـا تغيـرات فى الطاقـة إنتقـال كتـل المـواد، وتؤلـف بمجموعها العملية العامة لتطور الطبيعة.

d – أسباب بقاء المركبات ذات الجزيئات الضخمة :

إن المركبات ذات الجزيئات الصغيرة تنتقل فى الفراغ بسـهولة. وذلك بفضل قابليتها على التحرك، فهى تتصادم وتتفاعل مـع بعضـها البـعض أو مـع المركبـات ذات الجزيئـات الضخمة مؤديـة إلى تفكـك أو تغـير فى شـكل هـذه المركبات. لـذا تعتبر المركبات ذات الجزيئـات الصغيرة حوامـل (نواقـل) الجزيئـات الضخمة فى الطبيعة. إن سبب بقاء المركبات ذات الجزيئات الضخمة فى الطبيعة لمدة طويلـة وتنوعها هو تعقدها وضعف قابليتها على الحركة.

إن الطرق الملموسة لتكون وتغير، وتفكك المركبات ذات الجزيئـات الضخمة، معقدة جدا وذات سـمات خاصة بها. ومع ذلك فإننا نصـادف فى الطبيعـة تطابقا مدهشا لعمليات تشكل وتحول البروتين

الذى هو أعقد هذه المركبات إطلاقا. ويعود الدور الأساسى فى تخليق البروتينات البيوكيميائى إلى الأحماض النووية التى تعين نوعية هذا التخليق. إذ نجد فى بنية الأحماض النووية نفسها الأسس الدقيقة للتخليق الموجه لإستحداث الجزيئات البروتينية. كما تحوى على عوامل نقل صفات الجسم الوراثية. وفى نفس الوقت يساعد الأنزيم البروتينى على تخليق الأحماض النووية. وبولى السكريدات. والمركبات ذات الجزيئات الضخمة الأخرى. كما تشكل مجموعة المواد المعقدة المؤلفة من المركبات البروتينية، والأحماض النووية، والكربوهيدرات، ومنظمات تحولاتها الكيميائية (الإنزيمات، والهرمونات، والفيتامينات)، أساس الحلقة الحياتية للجسم.

e- أهمية مركبات الجزيئات الضخمة فى الصناعة :

تشكل مركبات الجزيئات الضخمة القسم الرئيسى لعدد كبير من مواد البناء، التى يرتبط إستخدامها بتحقيق هذه الوظائف الميكانيكية أو تلك. إذ يجب أن تتصف هذه المواد بالمتانة العالية، والمرونة، والصلابة. ولا تضاهيها فى هذه الخواص سوى الفلزات فقط.

ولا تصنع المواد الطبيعية ذات الجزيئات الضخمة بطرق التكنولوجيا الميكانيكية الصرفة، وبدون إستخدام أى من العمليات التكنولوجية الكيميائية إلا فى عدد قليل من فروع الصناعة: مثل تصنيع الأخشاب. ولكن هناك عددا كبيرا من الصناعات تتم فيها عمليات التكنولوجيا الكيميائية والميكانيكية معا عند تصنيع المواد الطبيعية ذات الجزيئات الضخمة. مثلا، فى صناعة ألياف النسيج القطنية، والصوفية، والكتانية، وفى صناعة الحرير الطبيعى، والفرو، والجلود. إلا أن العمليات الكيميائية التكنولوجية الهامة كصباغة الأنسجة، والألياف، والفرو، ودباغة وتلوين الجلود... إلخ تعتبر ضرورية لإنتاج سلع جاهزة. وعلى العكس، تسود عمليات المعالجة الكيميائية التكنولوجية فى صناعة الورق، والمطاط العكسى، تسود عمليات

المعالجـة الكيميائيـة التكنولوجيـة فى صـناعة الـورق، والمطـاط العكسى- والمطاط (المستحضر مـن الكاوتشـوك الطبيعـى)، وفى صـناعة المـواد البلاسـتيكية المستحضرة من البروتينات أو إيثيرات السـيللوز، وفى صـناعة الأفـلام السـينمائية، والألياف الإصطناعية.

تقـوم بعـض فـروع الصـناعة عـلى تفكيـك المـواد الطبيعيـة ذات الجزيئـات الضخمة لهدف الحصول على مواد غذائية مفيـدة ومـواد صـناعية ذات جزيئـات صـغيرة. ومـن هـذه الفـروع التميـؤ (إنتـاج الكحـول الإيثـيلى بطريقـة تميـؤ لب الخشب) hydrolysis، وصـناعة النشـا، والبـيرة، وصـناعات أخـرى تسـتخدم فيها عمليات التخمر.

ويزداد كل سنة إنتاج البـوليمرات الإصـطناعية، أى المركبـات ذات الجزيئـات الضخمة الناتجة عن مواد صغيرة. كما تنمو بسرعة فـروع الصـناعة مثـل صـناعة المـواد البلاسـتيكية، والأليـاف الإصـطناعية، والكاوتشـوك الإصـطناعى، وصـناعة الطلاء، والأصماغ والمواد العازلة للكهربـاء، وصـناعات أخـرى. وتقـدم لنـا صـناعة المواد البلاستيكية فى الوقت الحاضر عددا كبيرا من المواد البوليمريـة الإصـطناعية ذات خواص متعددة. وتفـوق المقاومـة الكيميائيـة لـبعض هـذه المـواد مقاومـة الذهب والبلاتين، كما تحتفظ بخواصها الميكانيكيـة أثنـاء التبريـد حتـى 50oC ، وأثناء التسخين حتى 500oC. ولا تقل متانـة بعضـها الآخـر عـن متانـة الفلـزات، وتقترب متانتها من متانة الماس وتحضر مـن البـوليمرات الإصـطناعية مـواد بنـاء خفيفة جدا ومتينة، كما تحضر منها مـواد عازلـة جـدا للكهربـاء وقطـع للأجهـزة الكيميائية لا مثل لها. وتعطينا الآن صناعة المطاط مواد تتفوق عـلى الكاوتشـوك الطبيعى فى بعض المواصفات كعدم نفاذيتها للغازات مثلا، ومقاومتها لتأثير

البنزين والزيوت، وعدم فقدانها لخواص المرونة فى درجـات الحـرارة مـا بـين 80oC و 300oC. كما أن الألياف الإصطناعية الجديدة أكـثر متانـة مـن الألـيـاف الطبيعية بعدة مرات، ويمكن أن نحصل من هذه الألياف عـلى أنسـجة جميـلة لا تتجعد، وعلى فراء إصطناعية رائعة. كما تصلح الأنسجة التكنيكية المصـنوعة مـن هذه الألياف الإصطناعية لترشيح الأحماض والقلويات.

ويمكننا أن ننسـب صناعة الزجـاج، والفخـار، ومـواد البنـاء السـيليكاتية إلى فروع الصناعة، التى تستخدم المركبـات ذات الجزيئـات الضخمة. كـما تسـتخدم مركبات الجزيئات الضخمة فى صناعة الصواريخ.

المفاهيم الأساسية لكيمياء البوليمرات :

a – علاقة درجة البلمرة مع الوزن الجزئى للبوليمر :

إن جزئ المركب البوليمرى، أو الجزئ الضخم (macromolecule) مبنى من مئات وآلاف الذرات المرتبطة مع بعضها بقوة التكافؤات الرئيسية، منها جزئ السيللوز الضخم $[C_6H_{10}O_5]_n$ والكاوتشوك الطبيعى $[C_5H_8]_n$، وبولى كلور الفينيل $[C_2H_3Cl]_n$ وبولى أوكسيد الإيثيلين $[C_2H_4O]_n$... إلخ. ولكن لا يطبق هذا المفهوم على جميع البوليمرات لذا سنضطر عند دراسة المواد ذات الجزيئات الضخمة التى تتصف ببنية أكثر تعقيدا إلى الرجوع لتعريف مفهوم "الجزئ".

ويرتبط الإنتقال من مركب ذى جزئ صغير إلى مركب ذى جزئ ضخم بالتغييرات الكيفية للخواص الناتجة عن التغيرات الكمية فى الوزن الجزيئى. إلا أنه من الخطأ وضع حد فاصل بين المركبات "الكلاسيكية" ذات الجزيئات الصغيرة وبين المركبات ذات الجزيئات الضخمة، على أساس عدد الذرات الداخلة فى تركيب الجزئ، أو على أساس مقدار الوزن الجزيئى، ذلك لأن هذه التغيرات الكمية قد تظهر فى أنواع مختلفة من المركبات ذات الوزن الجزيئى المتغاير، فمثلا أن بعض مشتقات السكريات المعقدة (التانين الصينى والتركى) ذات الوزن الجزيئى، هى مركبات كلاسيكية ذات جزيئات صغيرة، الوزن الجزيئى ~1000، هى مركبات كلاسيكية ذات جزيئات صغيرة، فى حين تتمتع البارافينات ذات الوزن الجزيئى 1000 بجميع صفات البوليمرات.

وتتكون غالبية مركبات الجزيئات الضخمة من مجموعات من الذرات المتساوية والمتكررة تدعى بالحلقات الأساسية :

...-A-A-A-A-A-A-A-A-A-A-A-...

وتدعى هذه المركبات ذات الجزيئات الضخمة بالمركبات البوليمرية العالية، أو البوليمرات العالية (high polymers) أو بشكل أبسط بالبوليمرات (polymers) وذلك لتمييزها عن المونوميرات (monomers)، أى المركبات ذات الجزيئات الصغيرة التى تستخدم فى تخليق مركبات الجزيئات الضخمة.

أما الحلقة الأساسية فى جزئ الكاوتشوك الطبيعى الضخم :

$$...-CH_2-C=CH-\ CH_2-\ CH_2-C=CH-\ CH_2-\ CH_2-C=CH-\ CH_2...$$

$$|\qquad\qquad\qquad |\qquad\qquad\qquad |$$

$$CH_3\qquad\qquad\qquad CH_3\qquad\qquad CH_3$$

فهى عبارة عن القسم التالى من السلسلة :

$$-\ CH_2-C=CH-\ CH_2-$$

$$|$$

$$CH_3$$

لذا تكتب الصيغة الإجمالية للكاوتشوك بالشكل التالى $(C5H8)n$ مهملين بذلك الحلقات النهائية للجزئ الضخم، التى تختلف عن الحلقات الوسطى من حيث تركيبها الكيميائى. كما يعتبر انهيدريد الجلوكوز الحلقة الأساسية فى السيليلوز، لذا تكتب الصيغة الإجمالية للسيللوز بالشكل $[C6H10O5]n$ آخذين بعين الإعتبار ما جاء فى المثال السابق. ويذدل الرمز n فى هذه الصيغ على عدد الحلقات الإساسية الداخلة فى تركيب الجزئ الضخم، كما يعبر عن درجة البلمرة DP (degree of polymerization) للمركبات ذات الجزيئات الضخمة.

وترتبط درجة البلمرة مع الوزن الجزيئى للبوليمر (M) بالمعادلة:

$$DP = \frac{M}{m}$$

حيث m الوزن الجزئى للحلقة الأساسية.

ويساوى الوزن الجزيئى للبوليمر حاصل ضرب الوزن الجزيئى للحلقة الأساسية فى درجة البلمرة:

$$M = m \times DP$$

وفى بعض الحالات تختلف الحلقات الأساسية ببنيتها الفراغية علما بأنها قد تحتوى على تركيب كيميائى واحد. فترى مثلا أن الحلقات البيرانوزية D-• انهيدريد الجليكوز فى جزئ السيللوز الضخم ملتفة حول بعضها البعض بمقدار : $8\theta^{\circ}$

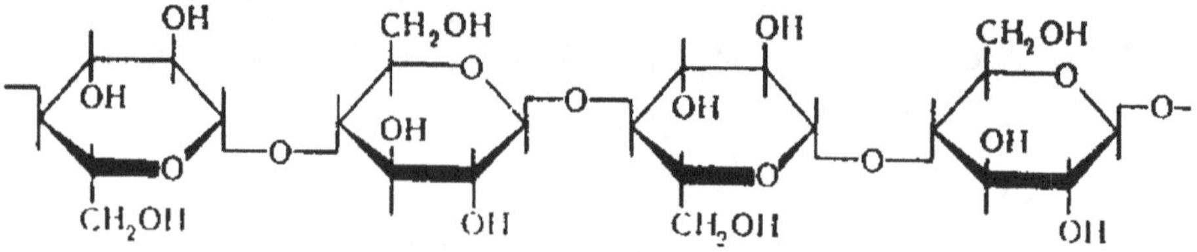

وتتألف الوحدة البنيوية البسيطة فى جزئ السيللوز الضخم من حلقتين أساسيتين، كما تعين هذه الوحدة دور المطابقة. ويرتبط مفهوم دور المطابقة بالحالة البلورية للبوليمر. فيمكن أن يغير الجزئ الضخم شكله وهو فى حالة منفردة. وتدور حلقاته الأساسية حول بعضها البعض بصور مختلفة. بينما تأخذ حلقات الجزئ الضخم الأساسية وضعا ثابتا أثناء تبلور البوليمرات فى أقسام معينة. ولقد تبين أن السلسلة الجزيئية للبوليمر مبنية من أقسام متكررة ذات بنية فراغية واحدة. ويدعى هذا القسم من السلسلة بدور المطابقة.

b - الكاوتشوك الطبيعى :

ويتألف الكاوتشوك الطبيعى والجوتا - بيرشا (gutta percha) من حلقات أساسية واحدة تختلف فى وضعها الفراغى، وبالتالى تختلف فى دور المطابقة. ويمتاز الكاوتشوك بالوضع سيس (cis) لذرات الكربون الأول والرابعة من الحلقة الأساسية بالنسبة للرابطة الثنائية:

سيس - أيزومير (كاوتشوك)

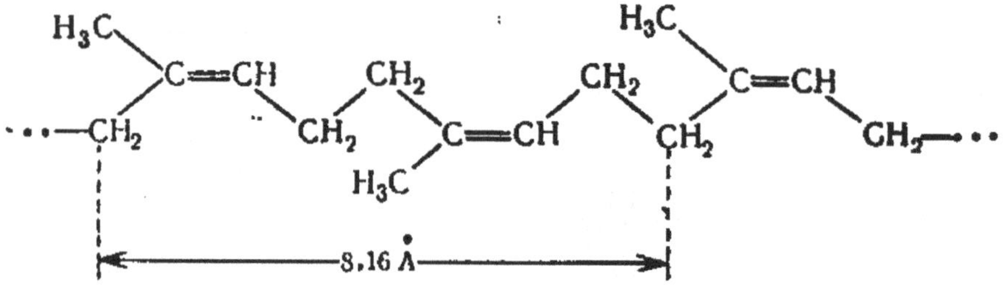

بينما يمتاز الجوتابيرشا بالوضع ترانس (trans) :

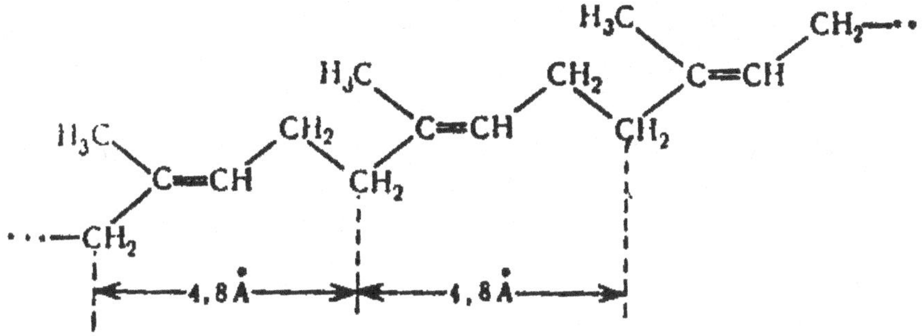

ترانز - أيروبير (جوتابيرشا)

وتعدل قيمة دور المطابقة فى الكاوتشوك البلورى $8.16\ A^{o}$ ، والجونابيرشا $4.8\ A^{o}$ ، ويبدو كما لو أن دور المطابقة يجب أن يزداد بمقدار الضعف أثناء الإنتقال من الجوتا بيرشا إلى الكاوتشوك. إلا أن دور المطابقة يتغير من $4.8\ A^{o}$ إلى $8.16\ A^{o}$ ، وذلك بسبب تغير الزوايا التكافئية والمسافات بين الذرات.

ويتألف جزئ بولى الإيثيلين البلورى الضخم من سلسلة مستوية ومتعرجة من الهيدروكربونات حيث يتجدد دور المطابقة هنا بمقدار أحد تعرجات هذه السلسلة:

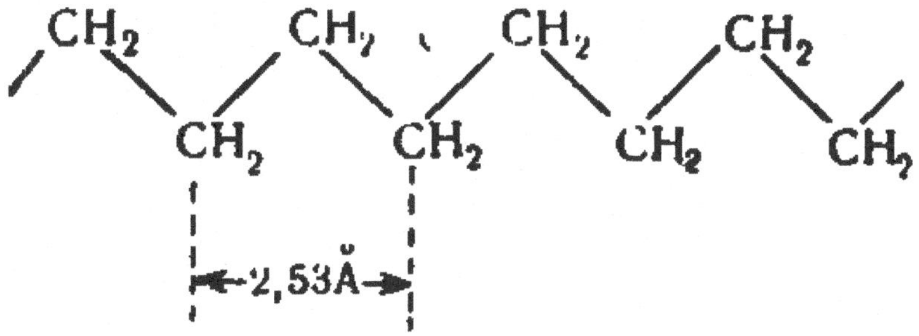

ونرى فى البوليمرات مشتقات الإيثيلين فى الوضع • ذات الشكل $(CH_2=CHR)_n$ إمكانية وضع الشقوق البديلة (substituent-radical) بأشكال مختلفة فى السلسلة الجزيئية، وتحدد هذه الأشكال المختلفة، بنظام القسم، كما تتحدد بالوضع الشكلى

(configuration) للحلقـات المونوميريـة فى جزئ البـوليمر الضخم. وتسـتطيع جزيئات المونومر الإنضمام حسـب الشكـل $\alpha \cdot \alpha$ – ("الـرأس إلى الـرأس") و $\beta \cdot \beta$ (والذنب إلى الذنب").

$$n\text{CH}_2=\overset{\mid}{\underset{R}{\text{CH}}} \rightarrow ...-\overset{\beta}{\text{CH}_2}-\overset{\alpha}{\underset{R}{\text{CH}}}-\overset{\alpha}{\underset{R}{\text{CH}}}-\overset{\beta}{\text{CH}_2}-\overset{\beta}{\text{CH}_2}-\overset{\alpha}{\underset{R}{\text{CH}}}-\overset{\alpha}{\underset{R}{\text{CH}}}-\text{CH}_2-...$$

أو حسـب الشكل $\alpha \cdot \beta$ – ("الـرأس الـى الذنـب") :

$$n\text{CH}_2=\overset{\mid}{\underset{R}{\text{CH}}} \rightarrow ...-\overset{\beta}{\text{CH}_2}-\overset{\alpha}{\underset{R}{\text{CH}}}-\overset{\beta}{\text{CH}_2}-\overset{\alpha}{\underset{R}{\text{CH}}}-\overset{\beta}{\text{CH}_2}-\overset{\alpha}{\underset{R}{\text{CH}}}-...$$

ويمكن أن يحدث إنضمام جزيئات المونومر بشـكل غـير إختيـارى، كأن يتم حسـب الشكل $\alpha \cdot \alpha$ – وحسب الشكل $\alpha \cdot \beta$ – معـا :

$$...-\text{CH}_2-\overset{\mid}{\underset{R}{\text{CH}}}-\overset{\mid}{\underset{R}{\text{CH}}}-\text{CH}_2-\overset{\mid}{\underset{R}{\text{CH}}}-\text{CH}_2-\overset{\mid}{\underset{R}{\text{CH}}}-\text{CH}_2-\overset{\mid}{\underset{R}{\text{CH}}}-\overset{\mid}{\underset{R}{\text{CH}}}-\text{CH}_2-\overset{\mid}{\underset{R}{\text{CH}}}-...$$

وعنـد بلمـرة مشتقـات الإيثيلـين فى الوضـع α تصـبح ذرات كربـون المونومير الثلاثية:

$$= \overset{\mid}{\underset{\text{II}}{\text{C}}} -$$

غير متناظرة فى البوليمر:

$$n\text{CH}_2=\overset{R}{\underset{H}{\text{C}}} \rightarrow ...-\text{CH}_2-\overset{R}{\underset{H}{*\text{C}}}-\text{CH}_2-\overset{R}{\underset{H}{*\text{C}}}-\text{CH}_2-\overset{R}{\underset{H}{*\text{C}}}-...$$

ذلك لأن كل ذرة كربـون ترتبط مع أقسام ذات أطوال مختلفة مـن السلسـلة الجزيئية، إلى جانب إرتباطها مع ذرة الهيدروجين والشق (radical).

وتظهر نتيجة ذلك، الأيزوميرية الضوئية (optical isomerism) فى الحلقات الأساسية، التى تتفق توضعاتها الشكلية مع الشكلين D – و L – ويتعلق التوضع الفراغى للمجموعات المتبادلة R بتوزع هذه الأشكال فى السلسلة الجزيئية, تدعى البوليمرات التى تتناوب فيها بدون نظام الذرات غير المتناظرة ذات الأشكال D- و L – بالبوليمرات الآتاكتيكية (atactic polymers). ويمكن تمثيل هذا البوليمر فى المستوى بالشكل التالى :

وترتبط الواحدات المونوميرية فى غالبية البوليمرات الآتاكتيكية حسب الشكل α، β – (الرأس إلى الذنب) ولكن قد يصادف شذوذ عن هذه القاعدة.

c- البوليمرات الأيزوتاكتيكية :

تدعى البوليمرات، التى تكون فيها ذرات الكربون غير المتناظرة ذات شكل واحد (D- أو L-) بالبوليمرات الأيزوتاكتيكية (isotactic polymers). ويمكن أن تأخذ بنية هذا البوليمر المرسومة على المستوى الشكلى التالى:

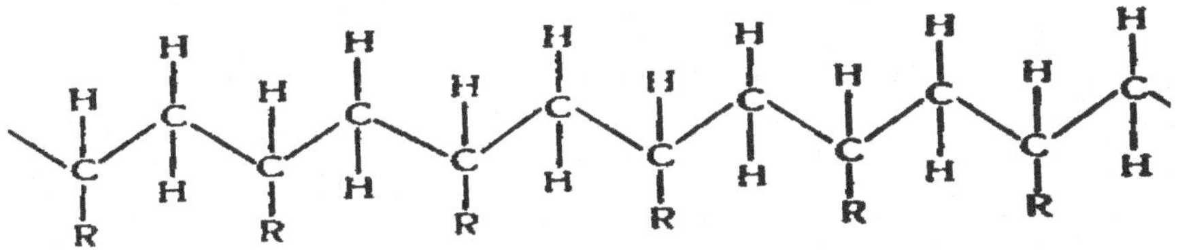

ويعتبر بولى البروبيلن مثالا لهذه البوليمرات:

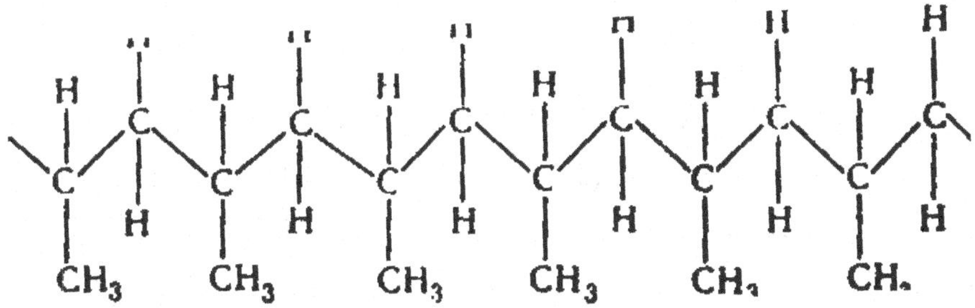

وتدعى البوليمرات التى تتناوب بإنتظام فى سلسلتها الجزيئية ذات الكربون غير المتناظرة وذات الشكل D- و L- بالبوليمرات السنديوتاكتيكية (syndiotactic polymers). إذ توضع البديلات فى هذه الحالة على كلتا جهتى السلسلة:

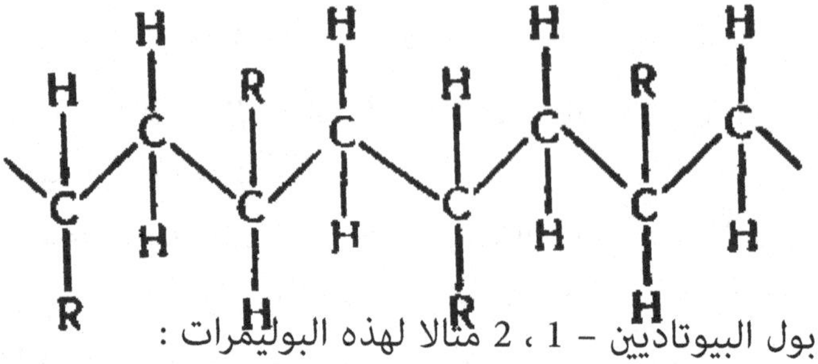

ويعتبر بول البيوتاديين - 1 ، 2 مثالا لهذه البوليمرات :

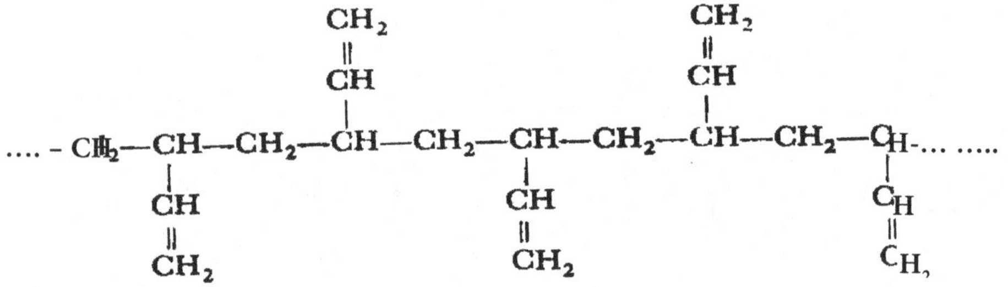

أما فى الحقيقة، فإن البنية الفراغية للبوليمرات الأيزوتاكتيكية والسينديوتاكتيكية أكثر تعقيدا، ذلك لأن جزيئاتها ملفوفة بشكل حلزونى. وتتحد البوليمرات الأيزوتاكتيكية والسينديوتاكتيكية تحت تسمية عامة واحدة، هى البوليمرات المنتظمة فراغيا: (stereoregular polymers) وتكون البوليمرات المنتظمة فراغيا مبنية دائما وفق الشكل • ، • - "الرأس إلى الذنب".

d - البوليمرات المنتظمة فراغيا :

ويمكن الحصول على البوليمرات المنتظمة فراغيا من ثنائى مشتقات الإيثيلين فى الوضع •،• - ذات الشكل R-CH=CH-R' (البوليمرات ثنائية الأيزوتاكتيكية).

```
 R H              H H
 | |              | |
(C=C)    ،     (C=C)
 | |              | |
 H R'             R R'
```

حيث توجد أيزومرات معروفة لهذه المونوميرات هى سيس ، ترانس ،

تحتوى على ذرتين كربونيتين ثلاثيتين تصبحان غير متناظرتين فى البوليمر :

```
   H   H              H   H   H   H
   |   |              |   |   |   |
 nC = C  →  ...—*C—*C—*C—*C—...
   |   |              |   |   |   |
   R   R              R   R'  R   R'
```

ولا تتعلـق بنيـة بـوليمرات •,•– ثنائيـة مشـتقات الإيثيلـين بدرجـة تنـاوب الحلقات الأساسية ذات الأشـكال D– و L– فحسـب. بـل تتعلـق أيضا بالأيزومريـة الهندسية (سيس وترانس) للمونومير الأصلى. ويتشكل مـن سـيس أيـزومير المونـومير بوليمر أريترو دى أيزوتاكتيكى:

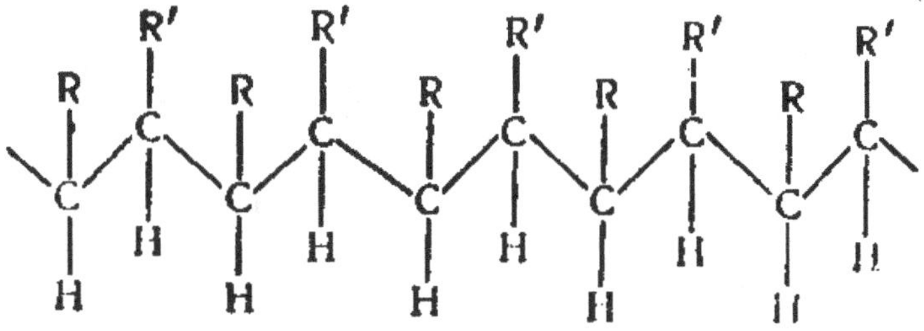

أما من ترانس أيزومير المونومير فنحصـل علـى بـوليمر تريـو* دى أيزوتاكتيكى ذى البنية التالية:

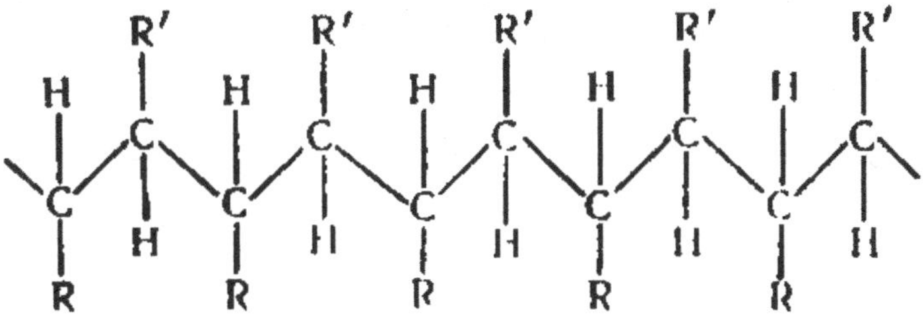

وليست كل المركبات ذات الجزيئات الضخمة مؤلفة من حلقات متناوية ذات تركيب واحد. إذ أن جزيئات بعض المركبات مبنية من عدة حلقات أساسية مختلفة بتركيبها الكيميائى بحيث إن تركيب هذه الحلقات فى السلسلة الجزيئية يكون غير منتظم. مثال ذلك:

...-A-A-B-A-B-B-B-A-B-A-A-A-B-A-B-B- ...

أو :

...-A-B-B-C-A-C-C-B-A-B-B-B-C-A-C-C- ...

حيث A و B و C حلقات أساسية مختلفة بتركيبها الكيميائى. وتدعى مثل هذه المركبات بالبوليمرات المشتركة (copolymers).

إن التعبيرين ناريترو ـ وتريو ـ مشتقان من تسمية السكريات - تيتروز، التى تختلف عن بعضها البعض بوضع المجموعات المتساوية عند ذرات الكربون غير المتناظرة.

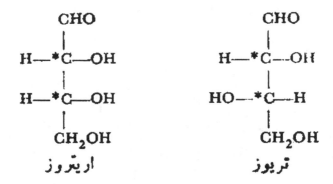

تريوز

اريتروز

e - البوليمرات المشتركة :

وينتمى إلى البوليمرات المشتركة العديد من البروتينات، واللجنين، والحموض النووية، وبولى السكريات المختلطة، وعدد كبير من المركبات الإصطناعية ذات الجزيئات الضخمة. فمثلا يمكن البوليمر المشترك المؤلف من كلورو الفينيل $CH_2=CHCl$ وفينيل استات $CH_2 = CH$ بالشكل التالى:

|
$OCOCH_3$

$$...\text{-}CH_2\text{-}CHCl\text{-}\ CH_2\text{-}CH\text{-}\ CH_2\text{-}CHCl\text{-}\ CH_2\text{-}CH\text{-}\ CH_2\text{-}CH\text{-}\ ...$$

| | |

$OCOCH_3$ $OCOCH_3$

$OCOCH_3$

وقد تتناوب الحلقات الأساسية فى بعض البوليمرات المشتركة بشكل منتظم ولكنها تدخل فى تركيب الجزئ الضخم بشكل قوالب (بلوكات blocks) كما نرى من الشكل:

...-A-A-A-A-A-B-B-B-B-B-A-A-A-A- ...

وتدعى مثل هذه البوليمرات المشتركة بالبوليمرات المشتركة القابلية (block-copoloymers).

وتستخدم الأوليجوميرات (oligomers) لتخليق البوليمرات المشتركة القابلية وهى عبارة عن مواد تحتل من حيث خواصها ووزنها الجزيئى مكانا وسطا بين البوليمرات والمونوميرات. ويتراوح الوزن الجزيئى لها بين 500 و 5000 إلا أنها كقاعدة عامة، لا تتصف بصفات مركبات الجزيئات الضخمة كما لا يمكن تصنيفها ضمن المركبات ذات الجزيئات الصغيرة.

ولقد تم الحصول فى السنوات الأخيرة على عدد كبير من البوليمرات المشتركة القالبية الإصطناعية مثل البوليمر المشترك القالبى لأوكسد الإيثيلن وإيثيلين - تيرى فثالات :

$$...\text{-}CH_2CH_2O\text{-}CH_2\ CH_2O\text{-}OCRCOOCH_2CH_2O\text{-}$$
$$\text{-}OCRCIICH_2CH_2O\text{-}CH_2CH_2O\text{-}\ ...$$

حيث R - شق فينيلى.

وهناك أيضا بعض البوليمرات الطبيعية ذات بنية شبيهة ببنية البوليمرات المشتركة القابلية.

f - الشكل الهندسى للبوليمر :

يحتل تعيين الشكل الهندسى للجزئ الضخم أهمية كبيرة إلى جانب تعيين البنية الكيميائية للحلقات الأساسية ونظام تناوبها ووضعها الفراغى وذلك عند دراسة بنية جزئ البوليمر الضخم. وتقسم البوليمرات، حسب شكل جزيئاتها الضخمة إلى بوليمرات مستقيمة ومتفرعة وشبكية.

ويمثل الشكل (1) بنية البوليميرات المستقيمة (a) والمتفرعة (b) والشبكية (c، d، h).

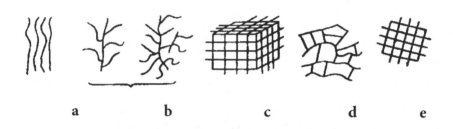

شكل (1) أشكال البوليمرات

تتألف الجزيئات الضخمة فى البوليمرات الخطية (linear polymers) (شكل 1a) من سلاسل طويلة ذات درجة عدم تناظر (degree of asymmetry) كبيرة جدا (إذ يعادل القياس العرضى لها، وهى فى حالة مشدودة، القياس العرضى لجزئ المونومير بينما يزيد طولها بمئات وآلاف المرات عن هذا المقدار).

وينتمى إلى البوليمرات الخطية السيللوز والكاوتشوك الطبيعى وبعض البروتينات (كالكازئين والزئين)، والأميلوز (أحد الأقسام المكونة للنشا)، وعدد كبير من البوليمرات الإصطناعية. وتتألف الجزئيات الضخمة للبوليمرات المتفرعة(branched polymers) (شكل 1b) من سلاسل ذات تفرعات جانبية، بحيث يمكن أن يكون عدد هذه الفروع الجانبية متباينا، كما تكون النسبة بين

طول السلسلة الأساسية، وطول السلاسل الفرعية، مختلفة أيضا. وينتمى إلى البوليمرات المتفرعة الأميلوبيكتين (قسم آخر من الأقسام المكونة للنشا)، والجليكوجين، وبعض المركبات الطبيعية المختلطة ذات الجزيئات الضخمة. ولقد تطورت عملية تخليق هذه البوليمرات تطورا واسعا فى السنوات الأخيرة. ويمكننا أثناء عملية التخليق أن نضم ("نطعم") إلى الجزئ الضخم المستقيم، والحاوى على تركيب معين، سلاسل فرعية ذات تركيب آخر :

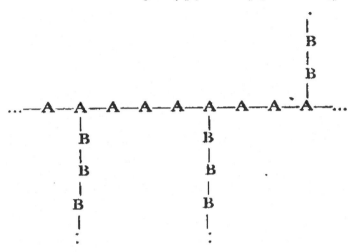

وتدعى مثل هذه البوليمرات المتفرعة بالبوليمرات المشتركة المطعمة (graft copolymers) ونخص بالذكر منها البوليمر المشترك للكاوتشوك الطبيعى مع أكريل النيتريل:

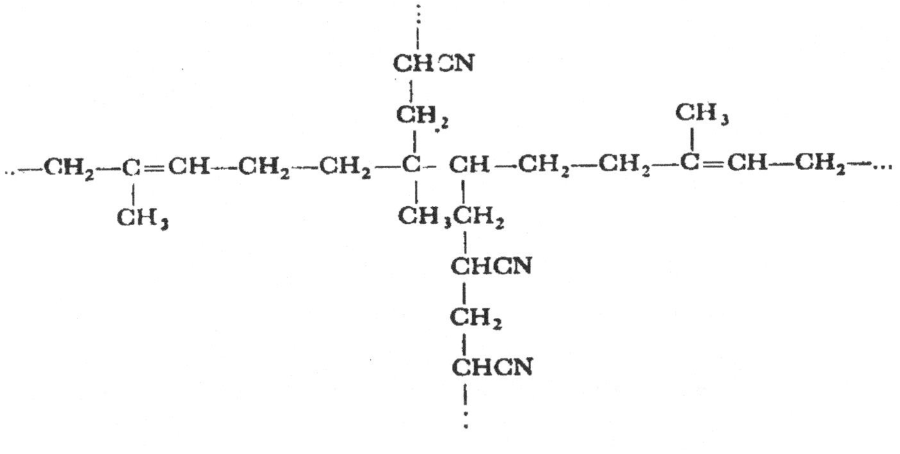

وتتألف البوليمرات الشبكية (شكل 1 ، h ،d ،c) من سلاسل جزيئية ضخمة مرتبطة ببعضها البعض بروابط كيميائية عرضية.

كما تدعى البوليمرات الشبكية ذات القياس الثلاثى بالبوليمرات الفراغية (space polymers) (شكل 1c) ويعتبر الماس والكوارتز من الأمثلة الكلاسيكية لهذه البوليمرات.

كما يحتوى عدد كبير من المركبات اللاعضوية ذات الجزيئات الضخمة على تركيب فراغى. ومن البوليمرات العضوية الطبيعية التى تنتسب إلى طائفة المركبات ذات الجزيئات الضخمة الفراغية هو الصوف. كما يعرف عدد كبير من البوليمرات الإصطناعية الفراغية.

وتكون السلاسل الرابطة فى البوليمرات الإصطناعية الفراغية أقصر بعدة مرات من السلاسل الأساسية حيث تظهر وكأنها عبارة عن "جسور" بين السلاسل الطويلة وغالبا ما تدعى مثل هذه البوليمرات "بالبوليمرات البنيوية الفراغية" (space cross-linked polymers).

وغالبا ما تكون البوليمرات الفراغية الإصطناعية (شكل 1d) ذات بنية غير منتظمة.

وتدعى البوليمرات الشبكية* التى لها بنية مستوية ذات قياس ثنائى بالبوليمرات الصفائحية. ويعتبر الجرافيت مثالا على هذه البوليمرات، كما أن لبعض البوليمرات الإصطناعية بنية صفائحية.

يمكن أن تكون الجزيئات الضخمة للبوليمرات المستقيمة جاسئة ولينة. ومؤلفة من حلقات أساسية مستقيمة أو مغلقة. ولكن من الناحية المبدئية تستطيع جميع البوليمرات المستقيمة، والمتفرعة أيضا، أن تتحول إلى حالة التبعثر الجزيئى (مثلا أثناء تخفيف المحاليل بدرجة كبيرة). ويكون هذا ممكنا فقط عند إحتواء البوليمر المذكور على نوعين على الأقل من الروابط ذات الطاقات المختلفة تماما.

* تلحق أحيانا بالبوليمرات الشبكية البوليمرات المستقيمة التى تتألف جزيئاتها الضخمة من حلقات متكافئة إذ ينظر فى مثل هذه الحالة إلى كل جزئ لهذا البوليمر وكأنه عبارة عن جزيئين مرتبطين بروابط كيميائية عرضية.

فالبوليمرات الخطية والمتفرعة مؤلفة من جزيئات ضخمة ترتبط بقوى بين الجزيئات (intermolecular forces) كما تقل طاقاتها: 10-50 مرة عن طاقة الروابط الكيميائية. لذا يمكنها الذوبان أو الإنصهار أثناء التسخين.

وغالبا ما يكون إختيار المذيبات لمركبات الجزيئات الضخمة صعبا (فمثلا لم تكتشف حتى الآن مذيبات لبولى رباعى فلور الإيثيلن $[C_2F_4]n$). ولا تنصهر بعض البوليمرات المستقيمة بدون تفكك غير أن هذا لا يخل بالقوانين العامة لسلوكها.

ترتبط الجزيئات الضخمة فى البوليمرات الشبكية* بروابط كيميائية عرضانية، بحيث أن أية محاولة لتقسمها إلى جسيمات مستقلة قد تؤدى إلى تحطيم بنيتها. لهذا السبب، لا تستطيع البوليمرات الفراغية الذوبان أو الإنصهار أثناء التسخين. ويصبح عندئذ مفهوم "الجزئ" فى هذه البوليمرات مفهوما شرطيا. إذ يطلق عادة إسم الجزيئات الضخمة، فى هذه الحالة، على السلاسل المستقيمة الأساسية دون إدخال "الروابط العرضية"، التى تربط السلاسل، فى هذا المفهوم. أن شرطية هذا التعريف، وعدم تطابقه مع مفهوم "الجزئ" المتعارف عليه، من الأمور الواضحة جدا. إذ يجب، على ما يبدور، إدخال بعض المفاهيم الجديدة والتعابير بالنسبة للبوليمرات ذات البنية الفراغية. ولن يكون هذا ممكنا إلا بالإستناد على الدراسة الدقيقة للبنية الكيميائية وبنية البوليمرات الفراغية فقط.

إذن يختلف مفهوم "الجزئ الضخم"، المستعمل بالنسبة للبوليمرات الخطية والمتفرعة، عن مفهوم "الجزئ" الكلاسيكى، والمتعارف عليه، من حيث كون الأول يتألف من مئات وآلاف الذرات المرتبطة مع بعضها بروابط كيميائية، فى حين نرى أن الجزئ، فى مركبات الجزيئات الصغيرة يتألف من عدة ذرات أو من عشرات الذرات فقط. ويصبح مفهوم "الجزئ" عند تطبيقه على البوليمرات الفراغية مفهوما شرطيا جدا وغير محدد.

تصنيف وتسمية مركبات الجزيئات الضخمة :

يمكن تقسيم جميع مركبات الجزيئات الضخمة حسب منشئها إلى مركبات إصطناعية يحصل عليها بطريقة التخليق من المركبات ذات الجزيئات الصغيرة، وإلى مركبات طبيعية مستخرجة من المواد الطبيعية، وأخيرا إلى مركبات إصطناعية ناتجة بطريقة التحور (التعديل modification) الكيميائى للبوليمرات الطبيعية.

وفى السنوات الأخيرة تم فصل البوليمرات الطبيعية الفعالة بيولوجيا (كالبروتينات والأحماض النووية وعدد من متعددات السكريات والبوليمرات المختلطة) فى مجموعة البوليمرات البيولوجية أو البيوبوليمرات.

تقسم مركبات الجزيئات الضخمة حسب نية سلسلتها الأساسية إلى ثلاث فصائل كبيرة :

1- المركبات التى تتألف سلسلتها الأساسية من ذرات واحدة متساوية كأن تتألف مثلا من ذرات الكربون (البوليمرات ذات السلاسل الكربونية carbon-chain polymers).

$$... - \overset{|}{\underset{|}{C}} - \overset{|}{\underset{|}{C}} - \overset{|}{\underset{|}{C}} - \overset{|}{\underset{|}{C}} - \overset{|}{\underset{|}{C}} - \overset{|}{\underset{|}{C}} - \overset{|}{\underset{|}{C}} - \overset{|}{\underset{|}{C}} - \overset{|}{\underset{|}{C}} - \overset{|}{\underset{|}{C}} - \overset{|}{\underset{|}{C}} - \overset{|}{\underset{|}{C}} - \overset{|}{\underset{|}{C}} - \overset{|}{\underset{|}{C}} - ...$$

ويمكن أن ترتبط ذرات الكربون فى السلسلة الأساسية بالهيدروجين أو بأية ذرات أو مجموعات أخرى.

وينتمى الكاوتشوك الطبيعى وهو من البوليمرات الطبيعية العضوية إلى البوليمرات ذات السلاسل الكربونية. كما تنتمى إليها من البوليمرات اللاعضوية جميع أشكال الفحم العنصرى (الفحم اللابلورى، والجرافيت، والماس). وتنتمى أيضا إلى البوليمرات الإصطناعية ذات السلاسل الكربونية كل

الهيدروكربونات المشبعة وغير المشبعة والعطرية ذات الجزيئات الضخمة.

2- المركبات التى تتألف سلسلتها الأساسية من نوعين أو أكثر من العناصر
المختلفة، (كأن تتألف مثلا من الكربون والأوكسجين أو الكربون والنتروجين
أو الكربون أو الكبريت أو السيليكون والأوكسجين. وتشكل هذه المركبات
فصيلة البوليمرات ذات السلاسل اللامتجانسة   (heterogeneous-chain
polymers).

$$
\begin{array}{cccccccccccccc}
| & | & | & | & | & | & | & | & | & | & | & | & | \\
\ldots - N - C - C - C - C - C - C - N - C - C - C - C - C - C - N \ldots \\
| & | & | & | & | & | & | & | & | & | & | & | & |
\end{array}
$$

أو :

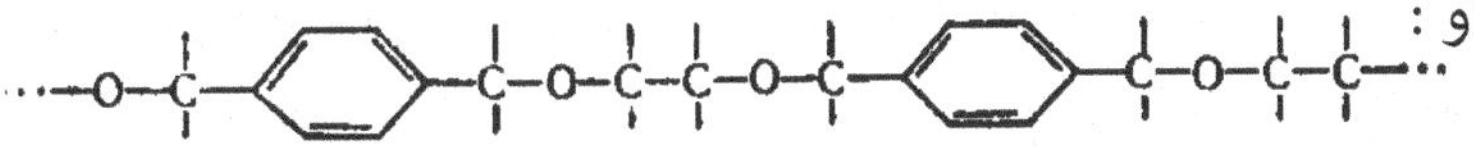

ويمكن أن تدخل البوليمرات العضوية واللاعضوية فى هذه الفصيلة:
وتنتمى البروتينات والأحماض النووية وبولى السكريدات واللجنين
وغيرها من المركبات الطبيعية الهامة ذات الجزيئات الضخمة إلى
البوليمرات العضوية. ذات السلاسل اللامتجانسة. كما تنتمى بولى
الأميدات وبولى الإيثيرات وبولى الأسترات وبولى الأوريتانات وسولفيدات
بولى الكيلن وغيرها من البوليمرات الإصطناعية إلى هذه الفصيلة أيضا.

3- مركبات الجزيئات الضخمة ذات مجموعة الروابط الإقترانية
(conjugated) :

$$\ldots - CH = CH - CH = CH - CH - CH = CH - \ldots$$

أو :

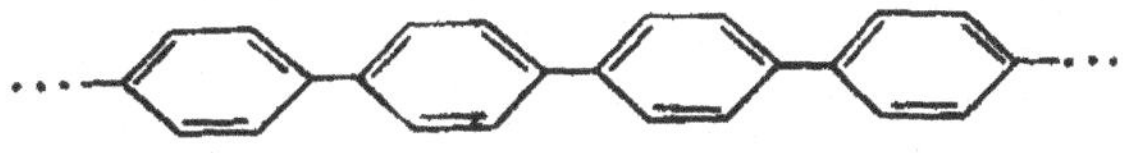

وتنتمى بعض البوليمرات ذات السلاسل الكربونية وبعض البوليمرات ذات السلاسل اللامتجانسة إلى البوليمرات ذات مجموعة الروابط الإقترافية.

تصنيف مركبات الجزيئات الضخمة الحاوية على سلاسل كربونية :

تصاغ عادة تسمية البوليمرات ذات السلاسل الكربونية من تسمية المونومير الأصلي الداخل كحلقة أساسية فى تركيب جزئ البوليمر الضخم مضافا إليها المقطع "بولي" (poly). فمثلا يدعى البوليمر الناتج عن كلوريد الفينيل $CH_2=CHCl$ ببولي كلور الفينيل ويدعى البوليمر الناتج عن الإيثيلن $CH_2=CH_2$ ببولي الإيثيلين ويدعى بوليمر (كلوروالبرين) $CH_2=C-CH=CH_2$ ببولي كلوروالبرين.. إلخ وتجتمع البوليمرات الناتجة عن مشتقات | Cl | الإيثيلن الأحادية. والحاوية على الشق الفينيلي، تحت إسم واحد هو البوليمرات الفينيلية، بحيث تنتمى إلى هذه الفئة كل من البوليمرات التالية:

$$[-CH_2-CHF-]_n \qquad \begin{bmatrix} -CH_2-CH- \\ | \\ CN \end{bmatrix}_n \qquad \begin{bmatrix} -CH_2-CH- \\ | \\ OH \end{bmatrix}_n$$

بولي فلور الفينيل   بولي فينيل السيانيد   الكحول البوليفينيل،

وتدعى البوليمرات الناتجة عن 1 ، 1 – مشتقات الإيثيلين الثنائية والحاوية على الجذر الفينيليدنى $CH_2=C<$ بالبوليمرات الفينيليدنية. وتنتمى إليها البوليمرات السابقة:

إن جميع البوليمرات ذات السلاسل الكربونية هى هيدروكربونات ذات جزيئات ضخمة أو مشتقات هذه الهيدروكربونات، لذا يمكن تصنيفها إستنادا إلى تصنيف وتسمية الكيمياء العضوية حسب الفصائل التالية (جدول 3).

جدول رقم (3)
تصنيف مركبات الجزيئات الضخمة ذات السلاسل الكربونية

الصيغة	الإسم
الهيدروكربونات المشبعة ومشتقاتها	
$[-CH_2-CH_2-]_n$	الهيدروكربونات المشبعة: بولى الإيثيلين
$\begin{bmatrix} -CH_2-CH- \\ \qquad \vert \\ \qquad CH_3 \end{bmatrix}_n$	بولى البروبيلين
$\begin{bmatrix} -CH_2-CH- \\ \qquad \vert \\ \qquad C_2H_5 \end{bmatrix}_n$	بول البوتيلين
$\begin{bmatrix} \qquad CH_3 \\ \qquad \vert \\ CH_2-C- \\ \qquad \vert \\ \qquad CH_3 \end{bmatrix}_n$	بولى أيزو البوتيلين
$\begin{bmatrix} -CH_2-CH- \\ \qquad \vert \\ \qquad \bigcirc \end{bmatrix}_n$	بولى فينيل البنزين (بولى الستيرين)
	المشتقات الهالوجينية للهيدروكربونات المشبعة: بولى كلور الفينيل بولى كلور الفينيليدن بولى رباعى فلو الإيثيلين
$[-CH_2-CHCl-]_n$ $[-CH_2-CCl_2-]_n$ $[-CF_2-CF_2-]_n$	الكحولات وأثيراتها وأستراتها: الكحول اليوليفينيلى
$\begin{bmatrix} -CH_2-CH \\ \qquad \vert \\ \qquad OH \end{bmatrix}_n$	الكحول البولى آليلى
$\begin{bmatrix} -CH_2-CH- \\ \qquad \vert \\ \qquad CH_2OH \end{bmatrix}_n$	

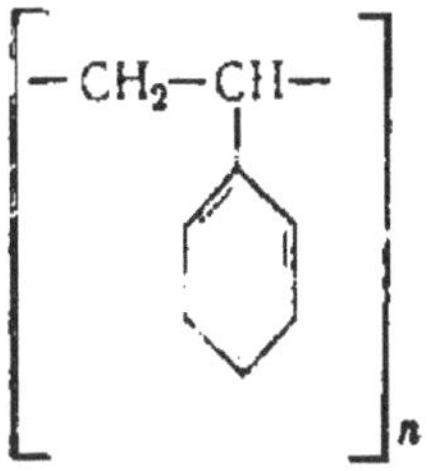

الصيغة	الإسم
$$\left[\begin{array}{c} -CH_2-CH- \\ | \\ OR \end{array} \right]_n$$	أيثيرات الكحول البوليفينيل
$$\left[\begin{array}{c} CH_2-CH- \\ | \\ OCOCH_3 \end{array} \right]_n$$	بولى فينيل الأسيتات
$$\left[\begin{array}{c} -CH-CH- \\ O \quad O \\ \diagdown CO \diagup \end{array} \right]_n$$	بولى فينيل الكربونات الأسيتات :
$$\left[\begin{array}{c} CH_2 \\ -CH_2-CH \quad CH- \\ O \quad O \\ CH_2 \end{array} \right]_n$$	بولى فينيل الفورمال
$$\left[\begin{array}{c} CH_2 \\ -CH_2-CH \quad CH- \\ O \quad O \\ CH \\ C_3H_7 \end{array} \right]_n$$	بولى فينيل البوتيرال الألدهيدات والكيتونات:
$$\left[\begin{array}{c} -CH_2-CH- \\ | \\ CHO \end{array} \right]_n$$	بولى الأكرولين
$$\left[\begin{array}{c} CH_3 \\ | \\ CH_2-C- \\ | \\ CHO \end{array} \right]_n$$	بولى ميثيل الأكررولين

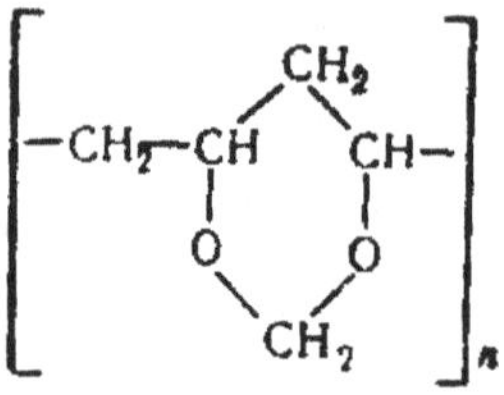

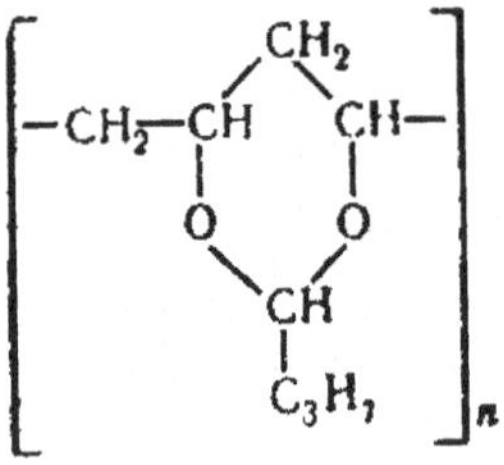

الصيغة	الإسم
$\left[\begin{array}{c}-CH_2-CH-\\ \mid\\ COCH_3\end{array}\right]_n$	بولى فينيل ميثيل الكيتون
	الأمينات ومركبات النيترو:
$\left[\begin{array}{c}-CH_2-CH-\\ \mid\\ NH_2\end{array}\right]_n$	بولى فينيل الأمين
$\left[\begin{array}{c}CH_3\\ \mid\\ -CH_2-C-\\ \mid\\ NH_2\end{array}\right]_n$	بولى فينيل ميثيل الأمين
$\left[\begin{array}{c}-CH_2-CH-\end{array}\right]_n$	بولى فينيل الكربازول
$\left[\begin{array}{c}-CH_2-CH-\\ \mid\\ N\\ CH_2CO\\ \mid\quad\mid\\ CH_2-CH_2\end{array}\right]_n$	بولى فينيل البيروليدون
$\left[\begin{array}{c}-CH_2-CH-\\ \mid\\ NO_2\end{array}\right]_n$	بولى نيترو الإيثيلين
	الأحماض ومشتقاتها
	بولى حمض الأكريليك
$\left[\begin{array}{c}-CH_2-CH-\\ \mid\\ COOH\end{array}\right]_n$	

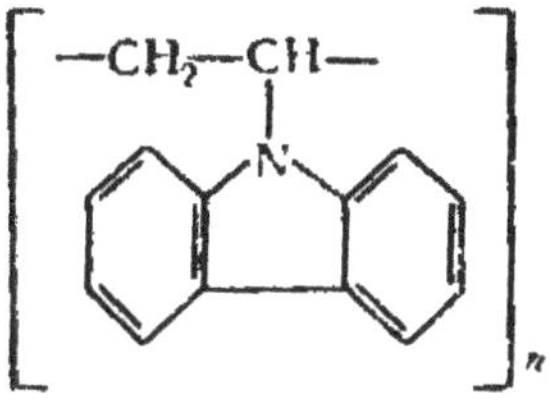

تابع جدول (3)

الصيغة	الإسم
$\left[-CH_2-\underset{\underset{COOH}{\overset{\overset{CH_3}{|}}{|}}}{C}- \right]_n$	بولى حمض ميتا الأكريليك
$\left[-CH_2-\underset{\underset{COOCH_3}{|}}{CH}- \right]_n$	بولى ميثيل أكريلات
$\left[-CH_2-\underset{\underset{COOCH_3}{\overset{\overset{CH_3}{|}}{|}}}{C} \right]_n$	بولى ميثيل ميتا أكريلات
$\left[-CH_2-\underset{\underset{CONH_2}{|}}{CH}- \right]_n$	بولى أكريل الأميد
$\left[-CH_2-\underset{\underset{CN}{|}}{CH}- \right]_n$	بولى أكريل النيتريل (بولى فينيل السيانيد)
$\left[-CH_2-\underset{\underset{CN}{\overset{\overset{CN}{|}}{|}}}{C} \right]_n$	بولى فينيليدن السيانيد
	الهيدروكربونات غير المشبعة :
$\left[-CH_2-CH=CH-CH_2- \right]_n$	بولى البيوتاداين
$\left[-CH_2-\underset{\underset{CH_3}{|}}{C}=CH-CH_2- \right]_n$	بولى الأيزوبرن (الكاوتشوك الطبيعى والجوتابيرشا)
	المشتقات الهالوجينية للهيدروكربونات غير المشبعة:
$\left[-CH_2-\underset{\underset{Cl}{|}}{C}=CH-CH_2- \right]_n$	بولى كلور البرن

تصنيف مركبات الجزيئات الضخمة ذات السلاسل اللامتجانسة :

تقسم هذه المركبات حسب الذرة اللامتجانسة الداخلة في تركيب السلسلة الأساسية إلى بوليمرات حاوية على الأوكسجين، وبوليمرات حاوية على النتروجين. وبوليمرات حاوية على الكبريت، وبوليمرات عضوية حاوية على فلزات عنصرية.

وتقسم هذه المجموعات الكبيرة من البوليمرات إلى مجموعات فرعية حسب ما هو متفق عليه في تصنيف الكيمياء العضوية (جدول رقم 4).

جدول (4)
تصنيف مركبات الجزيئات الضخمة ذات السلاسل المتجانسة

الصيغة	الإســـم
البوليمرات التى تحتوى على الأوكسجين	
	بولى الأيثيرات (المركبات البولى أوكسيدية):
$\left[-CH_2 - \underset{R'}{\overset{R}{C}} - O - \right]_n$	بولى أوكسيد الأيثيلين ومشتقاته
$\left[-CH_2 - CH_2 - \underset{R'}{\overset{R}{C}} - O - \right]$	بولى أوكسيد البروبيلين ومشتقاته

تابع جدول (4)

الصيغة	الإسم
	بولى الأسيتالات:
$-CH_2-O-]_n$	بولى الفورمال (بولى أوكسيد الميثيلين)
$-(CH_2)_x-O-CH_2-O-]_n$	بولى الكيل الأسيتالات
حيث R عبارة عن H أو CH_2OH	بولى السكريدات
	أحماض البولى الأورونيك
$H-[-O-R-OOC-R'-CO-]_n-OH$ **حيث 'R جذر الجليكوكل، 'R - جـــذر حمض ثنائى الأساس عطرى أو غيرمشبع**	بولى الأسترات
	الأحماض النووية
حيث R جذر ثنائى التكافؤ $-O-(CH_2)_x-O-$ أو $(CH_2)_x$	بولى الأنهيدريدات
البوليمرات التى تحتوى على الأزوت	
$[-NH-CH(R)-CO-]_n$	بول الببتيدات

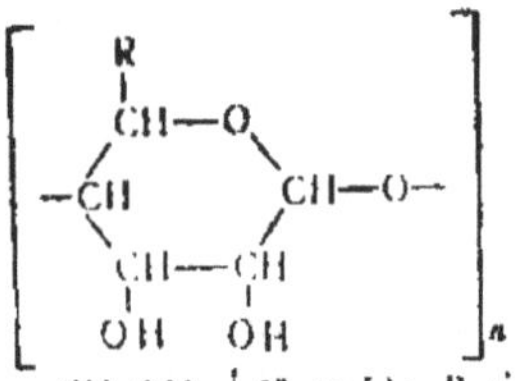

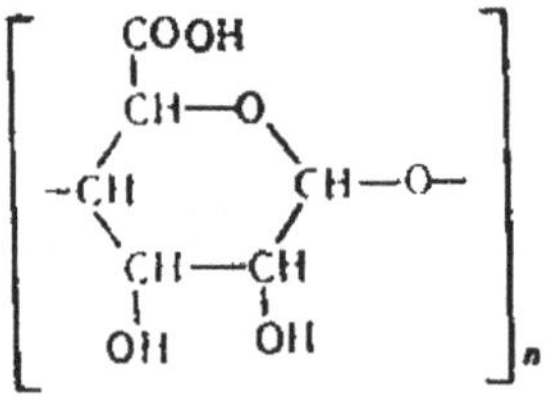

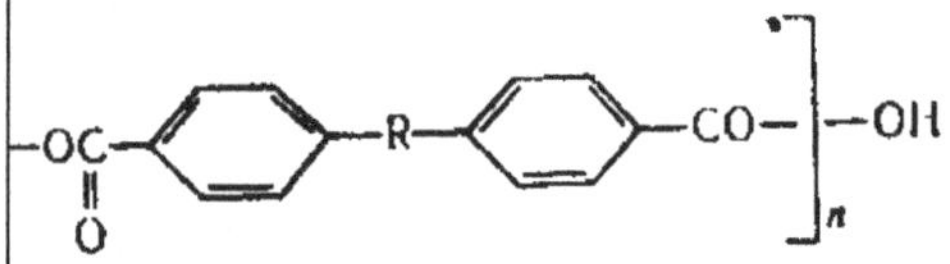

تابع جدول (4)

الإسم	الصيغة
بولى الأميدات	$H-[-NH-(CH_2)_x-CO-]_n-OH$ حيث $x > 1$ أو $H-[-NH-R-NHCO-R'-CO-]_n-OH$ حيث $R, R'-$ $(CH_2)_x$ أو حلقة بنزينية
بولى الهيدرازيدات	
بولى الأوريثات	$\left[-\underset{\underset{O}{\parallel}}{C}-NH-(CH_2)_x-\underset{\underset{O}{\parallel}}{NHCO}-(CH_2)_y-O-\right]_n$
بوليمرات البولى	$\left[-\underset{\underset{O}{\parallel}}{C}-NH-(CH_2)_x-\underset{\underset{O}{\parallel}}{NHCNH}-(CH_2)_y-HN-\right]$
بولى الأيثيرات (بول الكيلن السولفيدات):	
	البوليمرات التى تحتوى على الكبريت
بولى الكيلن ثنائية السولفيدات	$[-(CH_2)_x-S-S-]_n$
بولى الكيلن رباعية السولفيدات	$\left[-(CH_2)_x-\overset{\overset{S}{\parallel}}{S}-\overset{\overset{S}{\parallel}}{S}-\right]_n$
بولى السولفونات:	$\left[-(CH_2)_x-\underset{\underset{O}{\parallel}}{\overset{\overset{O}{\parallel}}{S}}-\right]_n$

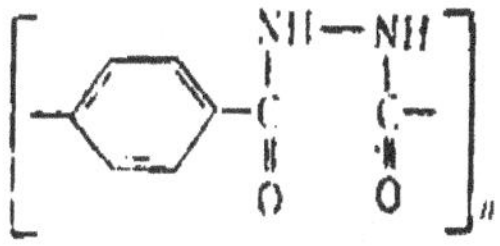

وتصاغ تسمية البوليمرات ذات السلاسل اللامتجانسة من تسمية فصيلة المركبات مضافا إليها المقطع بولى (متعدد) مثل بولى الأيثيرات وبولى الأميدات وبولى الأوريتانات.. إلخ.

البوليمرات ذات مجموعة الروابط الاقترانية :

تنتمى بعض البوليمرات ذات السلاسل الكربونية والسلاسل اللامتجانسة إلى هذا النوع من البوليمرات. ونورد فى جدول (5) هذه البوليمرات دون تقسيمها إلى المجموعات الكيميائية المناظرة :

جدول (5)

الإسم	الصيغة
بولى الأسيتيلنات	$[-CH=C(R)-]_n$ حيث R عبارة عن H أو جذر فينيل أو الكل
البوليينات	$[-C\equiv C-R-C\equiv C-]_n$
بولى النيتريلات	$[-C(R)=N-]_n$
بولى الفنيلنات	
بولى أكسيد الفنيلنات	
بولى سولفيد الفنيلنات	
بولى أوكسادايازولات	

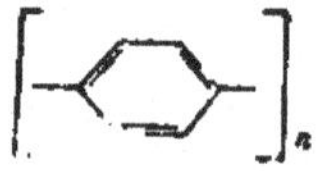

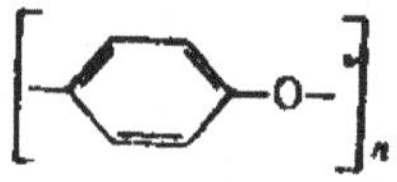

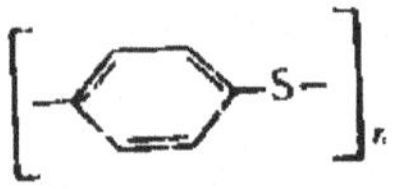

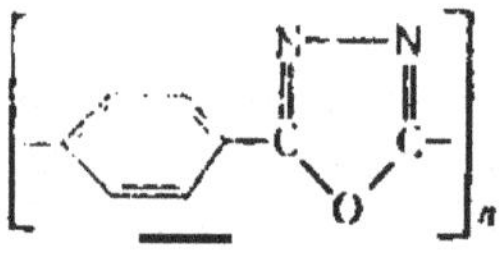

تابع جدول (5)

الإسم	الصيغة
بولى أمينو ترايازولات	
بولى بنزيميد أزولات	
بولى كلور البيريدين	

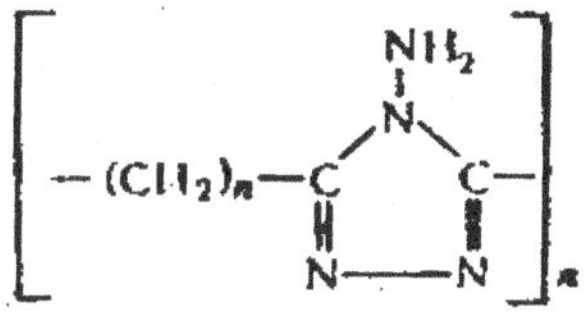

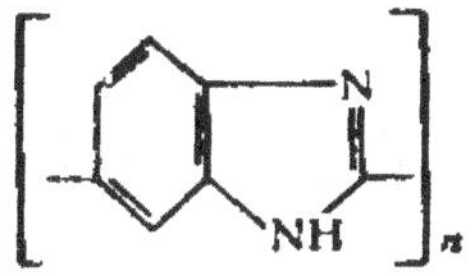

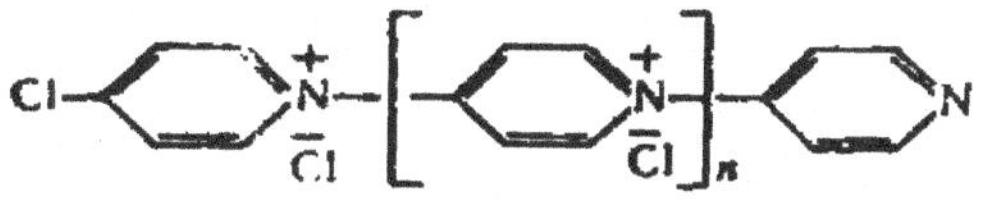

البوليمرات المؤلفة من سلاسل رئيسة لا عضوية:

تقسم هذه البوليمرات إلى بـوليمرات عضـوية حاويـة عـلى فلـزات عنصر-ية وذات جذور عضوية فى السلسلة الفرعية وإلى بوليمرات لا عضوية (جدول 6).

جدول (6)
البوليمرات ذات السلاسل اللاعضوية

الإسم	الصيغة
البوليمرات العضوية التى تحتوى الحاوية على فلزت	
بولى السيلوكسانات	حيث R = الكيل، فينيل، نيتريل، هالوجين الكيل

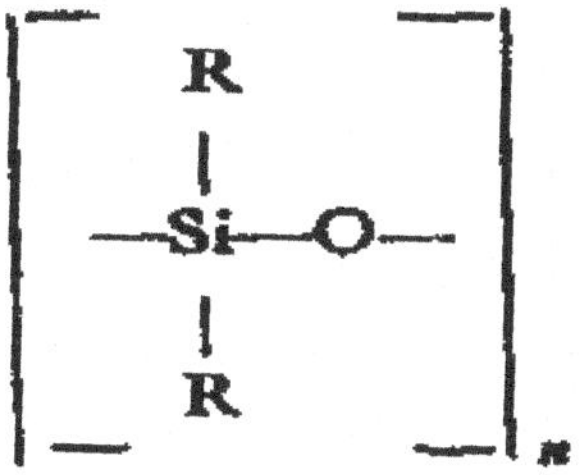

الصيغة	الإسم
$$\left[\begin{array}{c} -Al-O- \\ | \\ R \end{array}\right]_n$$	بولى الومينوكسانات
$$\left[\begin{array}{c} R \\ | \\ -Ti-O- \\ | \\ R \end{array}\right]_n$$	بولى تينانوكسانات
البوليمرات اللاعضوية	
$$\left[\begin{array}{c} O \\ \| \\ -P-O- \\ | \\ OMe \end{array}\right]_n$$	بولى الفوسفاتات
$$\left[\begin{array}{c} Cl \\ | \\ -P=N- \\ | \\ Cl \end{array}\right]_n$$	بولى كلورو فوسفور النيتريل
$$\left[\begin{array}{c} O \\ \| \\ -As-O- \\ | \\ OMe \end{array}\right]_n$$	بولى الزرنيخات

*****

الباب الثانى
الخواص الطبيعية للمركبات الضخمة

الخواص العامة لمركبات الجزيئات الضخمة :

تتميز مركبات الجزيئات الضخمة ببعض الخواص العامة التى تسمح بفصل كيمياء هذه المركبات إلى علم مستقل. فلا يمكن شرح هذه الخواص إستنادا إلى مفاهيم الكيمياء الكلاسيكية. لذا فمن الضرورى أثناء دراسة خواصها إدخال مفاهيم جديدة وعامة بالنسبة لفصيلة هذه المركبات .

الوزن الجزيئى للبوليمرات :

إن الميزة الأول لكيمياء مركبات الجزيئات الضخمة هى إحتوائها على مفهوم جديد تماما عن الوزن الجزيئى.

فقيمة الوزن الجزيئى فى مركبات الجزيئات الصغيرة عبارة عن ثابت يعين ذاتية المركب الكيميائى، ويدل تغير الوزن الجزيئى دائما على الإنتقال إلى مادة أخرى كما يرافقه تغير ملحوظ فى الخواص. وعندما ينتقل أحد أنواع الفصيلة المتجانسة (homologous series) إلى نوع آخر (أى أثناء تغير قيمة الوزن الجزيئى) يحدث تغير فى الخواص الفيزيائية للمادة يمكن الإستفادة منه فى فصل هذه المتجانسات (homologues) بعضها عن بعض.

وتتفق تغيرات الخواص الفيزيائية فى الفصيلة المتجانسة المعطاة مع النسبة بين الفرق التجانسى ومقدار الوزن الجزيئى للمتجانس (homologue).

ونرى فى الجدول (7) الذى يتضمن درجات غليان بعض الهيدروكربونات أن قيمة هذه النسبة تتناقص بإستمرار كلما إزداد الوزن الجزيئى كما يتناقص أيضا الفرق بين درجة الغليان. فمثلا يعادل الفرق بين نقطتى غليان الميثان والإيثان 73 درجة مئوية، بينما يعادل 8 درجات فقط بالنسبة لجينتريا كونتان ولدوتريا كونتان. ويكون الفرق التجانسى لبولى الإيثيلين الذى يبلغ وزنه الجزيئى

1400 أقل من 1% من الوزن الجزيئى. فى حين يعادل أقل من 0.1% لنفس البوليمر الذى يبلغ وزنة الجزيى ~ 14000. ومن الواضح، أنه عندما تكون القيمة النسبية للفرق التجانسى صغيرة جدا، يكون تغير الخواص الفيزيائية غير ملحوظ أثناء الإنتقال من قرين إلى آخر.

ويعطينا الخط البيانى الموجود فى الشكل (2) صورة واضحة عن هذه الحالة. وهكذا يتضاءل الإختلاف فى الخواص الفيزيائية بين القرائن المستقلة عند إزدياد الوزن الجزيئى بحيث تفقد هذه القرائن (يطلق عليها إسم القرائن البوليميرية) ذاتيتها عندما يصبح وزنها الجزيئى كبيرا جدا.

جدول (7)

درجات غليان الهيدروكربونات

الهيدروكربون	الصيغة	الوزن الجزيئى	نسبة الفرق التجانسى إلى الوزن الجزيئى	درجة الغليان	إرتفاع درجة الغليان
الميثان	CH_4	16	-	-161.6	-
الإيثان	C_2H_6	30	47~	-88.6	73
البروبان	C_3H_8	44	32~	-42.1	46.5
n- البوتان	C_4H_{10}	58	24~	-0.5	41.6
n- البنتان	C_5H_{12}	72	20~	36	36.5
جنتريا الكونتان	$C_{31}H_{64}$	436	-	302	-
دوتريا الكونتان	$C_{32}H_{66}$	450	3.1	210	8
بنتاتريا الكونتان	$C_{35}H_{72}$	492	-	291	-
هكساتريا الكونتان	$C_{36}H_{74}$	506	2.7	-	-
بول الإيثيلين	$C_{100}H_{202}$	1402	-	-	-
بول الإيثيلين	$C_{101}H_{204}$	1416	1~	-	-
بول الإيثيلين	$C_{1000}H_{2002}$	14002	-	-	-
بول الإيثيلين	$C_{1001}H_{2004}$	14016	0.1~	-	-

لا يمكن فى الوقت الحاضر فصل خليط من القرائن البوليمرية إلى مواد مستقلة ونقية كيميائيا، فى حين يمكن فصل هذا الخليط إلى أجزاء (fractions) فقط، تدخل فى كل منها مجموعة من القرائن البوليمرية ذات الأوزان الجزيئية المتقاربة. ونتيجة لذلك، يكون الوزن الجزيئى لمركبات الجزيئى الضخمة عبارة عن قيمة إحصائية وسطية وليس قيمة ثابتة تحدد الخواص الذاتية للمركب المعلوم. ولهذا دخل مفهوم الوزن الجزيئى الوسطى وكيمياء مركبات الجزيئات الضخمة.

إن المفهوم الجديد للوزن الجزيئى، كمقدار إحصائى وسطى، يقلل إلى حد معلوم من أهمية هذا المقدار أثناء تحديد خواص المركبات الكيميائية. إذ بعد أن يصل الوزن الجزيئى للبوليمر إلى قيمة معينة يفقد دوره كعامل هام فى تعيين غالبية الخواص الفيزيائية للمادة.

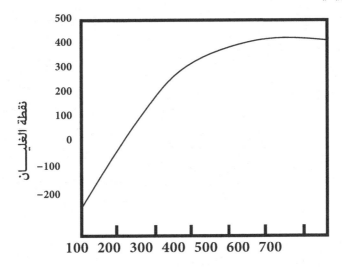

الوزن الجزيئى
شكل (2) علاقة نقطة درجة غليان الهيدروكربونات بالوزن الجزيئى

إن قيمة الوزن الجزيئى الوسطى للبوليمر لا يمكن أن تعطينا فكرة عن خواص هذا البوليمر بصورة موحدة ذلك لأنه يمكن لعينات مختلفة من البوليمر ذات وزن جزئ وسطى متساو أن تختلف بنسبة كمية البوليمرات المتجانسة والمتعددة.

وقد تم إدخال مفهوم درجة التبعثر المتعدد (polydispersion) لتفسير التوزع الكمى للبوليمرات المتجانسة. وتتعين درجة التبعثر المتعدد للبوليمر بالقيم الحدية لأوزان الأجزاء (fractions) الجزيئية الوسطية كما يعبر عنها بمنحنيات توزيع البوليمر حسب الوزن الجزيئى (شكل 3).

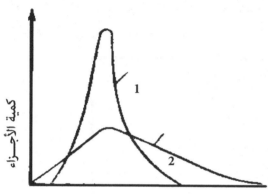

ونجد على الشكل 3 منحنيات التوزيع حسب الوزن الجزيئى لبوليمرين ذوى درجة بلمرة وسطى واحدة إلا أنهما يختلفان فى درجة التبعثر المتعدد. ونلاحظ أن البوليمر الممثل بالمنحنى البيانى 1 أكثر تجانسا من حيث الوزن الجزيئى من البوليمر الممثل بمنحنى التوزيع 2.

الوزن الجزيئى
شكل (3)
منحنيات التوزيع حسب الأوزان الجزيئية

ولا تقل درجة التبعثر المتعدد أهمية عن الوزن الجزيئى الوسطى.

وهناك أيضا صفة أخرى لمركبات الجزيئات الضخمة مرتبطة بشكل مباشر بتغير الخواص الفيزيائية أثناء إزدياد الوزن الجزيئى. إذ يتناقص ضغط أبخرة المركبات الكيميائية بإزدياد الوزن الجزيئى، ويهبط هذا الضغط عمليا حتى الصفر قبل أن يصل الوزن الجزيئى إلى

قيمته المميزة للمركبات ذات الجزيئات الضخمة. إذ عندما تصل درجة الحرارة إلى قيمة معينة يحدث التفكك الحرارى للمادة، كما تتحطم الروابط الكيميائية، ويتغير تجمع الذرات. إذن فمركبات الجزيئات الضخمة غير طيارة عمليا. ولا يمكن أن تتحول إلى الحالة الغازية.

وينتج من ذلك أن الفرق بين مركبات الجزيئات الضخمة ومركبات الجزيئات الصغيرة هو أن الأخيرة يمكنها أن توجد على ثلاث حالات: الحالات الصلبة والسائلة والغازية، فى حين توجد مركبات الجزيئات الضخمة فى حالتين فقط: هما الصلبة والسائلة.

تعتبر الكيمياء الفيزيائية مصدرا لإكتشاف أشكال وأحجام الجزئيات الضخمة ولتقدير إستجابة هذه الخواص للبيئة المحيطة بها وللربط بين الخصائص والتراكيب. وبمعرفة المكونات والتراكيب يمكن التعرف على الفعاليات المختلفة لتلك الجزئيات. الجزئيات الضخمة المخلقة تكون عموما أبسط من تلك الطبيعية. وعلى الرغم من النجاح فى تحضير البروتينات فإن هذا التمييز يعتبر نظاما قديما. وعلى الرغم من كون البوليمرات المخلقة بسيطة نسبيا فإنه من الضرورى معرفة طبيعة هذه المادة على الأقل إلى حد معرفة أطوال السلاسل البوليمرية. ونجد أنه من الواجب القدرة على إيجاد رابطة بين الخصائص الفيزيائية مثل المرونة. وعلاقتها بالتركيب الكيميائى للبوليمر مثل طول السلسلة ودرجة التكريس.

a -الحجم والشكل :

التشتت بالأشعة السينية توضح وضع كل ذرة فى الجزئيات المعقدة العالية التعقيد. لماذا كان من الضرورى إستخدام تقنية أخرى؟ يمكن الإجابة على هذا السؤال فى مستويات متنوعة. ففى المقام الأول تعتبر العينة كأنها خليط من بوليمرات لها مختلف الأطوال من السلاسل ودرجات التكريس. والتى فيها تستخدم تحلل التشتت بالأشعة السينية

معطيا بعضا من المتوسط العشوائى. والمشكلة المتعلقة هى أنه على الرغم من أن كل الجزئيات متشابهة فإنه من المستحيل الحصول على بللورة واحدة وبالتالى يكون من الصعوبة بداية قياسات أشعة X ومن جهة أخرى فإن هذه التقنية مكلفة وتحتاج إلى وقت كبير وكذلك إلى إمكانيات حسابية سفسطائية.

وعلى الرغم من أن العمل على الهيموجلوبين والإنزيمات، الـ DNA أظهرت إلى أى حد تكون القراءات مثيرة بدرجة كبيرة فإن المعلومات الواردة غير كافية.

فعلى سبيل المثال ما يقال عن شكل الجزئ فى ظروفه الطبيعية وما يقال عن الطريقة التى يتغير بها شكل الجزئ ومدى إستجابته للظروف البيئية المحيطة به .

فالشكل والوظيفة التى يقوم بها الجزئ متلازمتان ومن المهم أن نعرف كيف أن الجزئيات البيولوجية والتى تحمل كلا من المجموعات الحمضية والقاعدية ومدى إستجابتها للرقم الهيدروجينى للمحلول. وبالمثل فإنه من المهم تقدير العملية التى يتغير بها الجزئيات الضخمة الطبيعية من شكل منتظم إلى شكل أقل إنتظاما.

وتحويل العينات الطبيعية للجزئيات الضخمة إلى شكل أقل إنتظاما يكون فى الغالب مصحوبا بفقدان فى الوظيفة ولكنها يمكن أن تكون فى بعض الأحيان خطوة مهمة لإستكمال الوظيفة ويتضح ذلك فى الـ (DNA).

وهناك طريقة غير مباشرة لملاحظة حجم وشكل الجزئيات الضخمة وهى إستخدام الميكروسكوب الإلكترونى يمكن الحصول على درجة إنحلال تصل إلى 500 بيكومتر (5 إنجستروم). وبذلك يمكن توضيح التفاصيل الدقيقة لشكل الجزئيات الضخمة. وهناك تحديدات عنيفة فحالة العينة تكون غير طبيعية بدرجة كبيرة.

فللحصول على صورة بعض أنواع التكاثر للجزئ. فالتكاثر عبارة عـن سـبيكة نحصـل عليها برش العينة بذرات العنصر إما مباشرة أو بعـد تغطيـة الجزئيـات الضخمة ببروتـين صغير أو جزئيات لمنظف الشكل (4) حصلنا عليـه كطريقـة أولى المسح الميكروسـكوب الإلكترونى تختلف عن الإرسال الميكروسكوبى وذلك فى أنه يعطى صـورة بالمسح لسـبيكة معدنيـة وذلـك عـن طريقـة شـعاع إلكـترونى مركـز عـلى نقطـة معينـة ومراقبـة شـدة الإلكترونات المقذوفة من الشعاع كل هذه تكون تشخيصية ومفيـدة فى المعلومـات التـى تكشف عنها الصور وهى فى الواقع تعانى من القيود التـى تحـدث عنـدما تتحـور العينـة هناك تقنيات تستخدم لتقدير حجـوم وأشـكال الجزئيـات الضخمة ودقـائق الغـروى فى المحاليل. بعضـها يعطـى الكتـل الجزيئيـة أو الكتـل الجزيئيـة النسـبية أو عـلى طريقـة الغـروى الأوزان الجزيئيـة. وبعضـها الآخـر يعطـى معلومـات عـن الحجـوم الهندسـية للجزئيات وشكل الصنف المدروس وتوضح هل الجزئ شكله قضيبى أو كروى وهكذا.

وهذه التقنيات تستخدم لتوضيح ما إذا كانـت السلسـلة التـى يتكـون منهـا الجـزئ منتظمة فى صف محدد أو أنها مجرد ملف غير منتظم.

ويمكن فى بعض الأحيان إستخدام الرنين النـووى المغناطيسى n.m.r وذلـك لتحديـد وضع الذرات فى الجزئ فى المحلول.

b -الأسموزية والديلزة Osmosis and dialysis.

الطرق الكلاسيكية لتحديد الكتل الجزيئية النسبية للجزئيات تعتمد فى دراستها عـلى الخواص التجمعية .

فى الجزئيات الضخمة حيث أن عدد الجزئيات فى المحلول يمكن أن يكون صغيرا جـدا وذلك على الرغم من كـبر الكتلـة الكليـة فـإن القياسـات الأسـموزية تكـون ذات أهميـة خاصة.

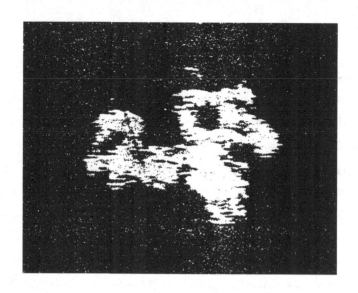

شكل (4) صورة بالميكروسكوب الإلكترونى للهيموجلوبين

العلاقة الأساسية هى معادلة فانت هوف

$$\pi V = n_p RT \qquad\qquad (1)$$

حيث أن π هـو الضـغط الأسـموزى، n_p هـى كميـة المـذاب فى حجـم قـدره V مـن المحلـول. حيـث أن تركيـز المـذاب وهـو فى هـذه الحالـة مـن الجزئيـات الكبـيرة P هـى $[P] = n_p/V$.

وبطريقة أكثر بساطة نصل إلى :

$$\pi = RT\ [P] \qquad\qquad (2)$$

وحيث أن التركيز $[P]$ مرتبطا بتركيز الكتلة c_p من خلال العلاقـة $[p]=c_p/M_m$ حيث أن M_m هى الكتلة الجزيئية. توجد صورة أخرى للمعادلة وهى :

$$\pi\ /c_p = RT\ /\ M_m \qquad\qquad (3)$$

الكتلة الجزيئية النسبية .R.M.M ، Mr للجزئ تـرتبط بالكتلـة المولاريـة بالعلاقـة $M_r = M_m/g\ mol^{-1}$ (بمعنى أن .R.M.M هى القيمـة العدديـة للكتلـة المولاريـة عنـدما يعبر عن الأخيرة بالجرام لكل مول). وقـد وجـد أن تقـدير الضـغط الأسـموزى للمحلـول المحتوى على كتلة ذات

تركيز معلوم للجزئيات الضخمة تعطى الأخيرة .R.M.M) والجهاز المستخدم فى تقدير الضغط الأسموزى مبين فى الشكل (5).

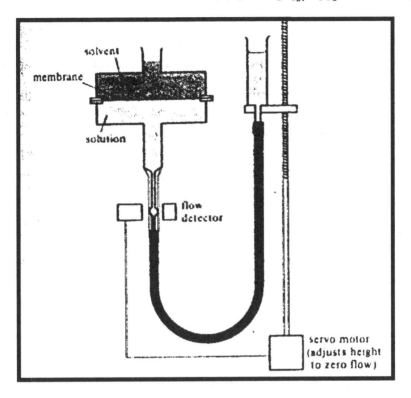

شكل (5) جهاز الأزموميتر المستخدم لقياس الكتل المولارية للجزئيات الضخمة

يقاس الضغط الأسموزى من الزيادة فى الإرتفاع h فى العمود للمحلول بإستخدام العلاقة $\pi=pgh$ حيث p هى كثافة المحلول، g هى عجلة الجاذبية. وكالعادة هناك بعض الصعوبات. ثلاث منها ذات أهمية خاصة وهى: **(a)** الحيود عن المثالثة، **(b)** وجود مدى من .R.M.M فى العينة، **(c)** وجود الشحنة على الجزئ الضخم.

الجزئيات الضخمة تعطى محاليل غير مثالية وذلك لكبرها النسبى وهى تحل محل كمية كبيرة من المذيب ولا تذوب بإحلالها محل جزئيات المذيب الإنفرادية.

وعلى جانب آخر فإن الكتلة الضخمة تعنى أن هناك حجم كبير مستبعد: الجزئ الواحد لا يستطيع العوم بحرية فى المحلول حيث أنه يستبعد من المناطق التى تحتلها الجزئيات الأخرى ومن وجهة نظر الثرموديناميكية فإن هذا يعنى أن التغير فى الأنثروبى يكون هاما عندما ينتقل الجزئ الضخم إلى المحلول.

كما أنه يوجد كذلك إنثالبى كبير للمحلول وذلك نتيجة لتداخل المذيب مع عدد كبير من مكونات وحدات المونومر فى البوليمر.

يؤخذ الحيود عن الحالة المثالية فى الإعتبار وذلك بإستخدام معادلة فانت هوف بنفس الطريقة التى طبقت بها معادلة الغاز المثالى على الغازات الحقيقية وذلك بكتابة معدل طاقة الحركة للتمدد ويمكن كتابة إعتماد الضغط الأسموزى على تركيز الجزئ الضخم كما يلى:

$$\pi / [P] = RT \{ 1 + B [P] + ...\} \qquad (4)$$

أو :

$$\pi /c_p = (RT/M_m) \{ 1 + (B/M_m) c_p + ...\}$$

وبرسم العلاقة بين π/c_p مع c_p ومد الخط على إستقامته حتى تركيز صفر. يمكن تقدير قيمة M_m وذلك من الجزء المقطوع. ويمكن تعيين كمية B وهو معدل طاقة الحركة الأسموزية من ميل المنحنى.

مثـــــــــال

بإستخدام جهاز الضغط الأسموزى لقياس الضغط الأسموزى لمحلول بولى فينيل الكلوريد (.P.V.C) فى محلول من السيكلوهكسانون عند ($25^{\circ}C$). وجد أن قراءات الإرتفاع فى المحلول الناتج عن إنسياب المذيب خلال الغشاء النصف المنفذ كما يلى:

c_p/g dm^{-3}	1.00	2.00	4.00	7.00	9.00
h/cm	0.475	0.926	1.776	2.940	3.627

وأن متوسط كثافة المحلول هى 0.980 gm cm^{-3} ، أوجد قيمة الكتلة الجزيئية النسبية (.R.M.M) للبوليمر الناتج.

الطريقة: بإستخدام المعادلة (5) ، يعبر عن الضغط الأسموزى π $\pi=\rho gh$ والجاذبية، $g=9.81\ ms^{-2}$ وتكتب المعادلة على الصورة :

$$h/c_p = (RT/\rho gM_m) \{ 1 + (B/Mm)\ c_p + ...\}$$

وبرسم العلاقة بين h/c_p ضد c_p نحصل على خط مستقيم ويكون الجزء المقطوع منه عند $c_p=0$ هو $RT/\rho gM_m$ ونحصل على .R.M.M من العلاقة $M_m=M_m/gmol^{-1}$

الحل : ارسم الجدول التالى :

$c_p/g\ dm^{-3}$	1.00	2.00	4.00	7.00	9.00
$h/cm\ (cm/gdm^{-3})$	0.472	0.463	0.444	0.420	0.403

رسمت النقط فى الشكل (6). الجزئ المقطوع هو 0.482

وعليه نكتب المعادلة التالية:

$$M_m = (RT/\rho g) / (0.482\ g^{-1}\ cm\ dm^{3})$$

$$= \frac{(8.314Jk^{-1}mol^{-1})\ x\ (298.15k)}{(0.980gm\ cm^{-3})\ x\ (0.482cm\ dm^{3})} = 53.5\ kgmol^{-1}$$

وبذلك تكون Mr هى 53500

التعليق: هذه هى متوسط قيمة .R.M.M للبوليمر، المعامل B نحصل عليه بمساواة ميل المنحنى بالقيمة $(RT/\rho gM_m)\ B/M_m$

وهذه تعطى قيمة $- 0.0195g^{-1}\ dm^{3} = B/Mm$

التبرير الثرموديناميكى لمعدل طاقة الحركة للتمدد وتفسير القيمة B يمكن دراستها بالعودة إلى التعبير الأساسى للضغط الأسموزى وذلك بالتعبير بملعومية الجهد الكيميائى. عندما يكون المحلول غير مثالى يمكن أن تستبدل القيمة $RT\ell nx_A$ بالقيمة $RT\ell na_A$ حيث أن a_A هى فعالية المذيب. ومنها نصل إلى:

$$- RT\ \ell n\ a_A = \int_{p}^{p+\pi} V_m^{*} dp \qquad (6)$$

الكتلة المولارية للتكامل هى $V_m^{*}\pi$. إذا إعتبرنا المذيب غير قابل للإنضغاط يعطى الضغط الأسموزى كما يلى:

$$\pi V_m^* = - RT \ln a_A \quad (7)$$

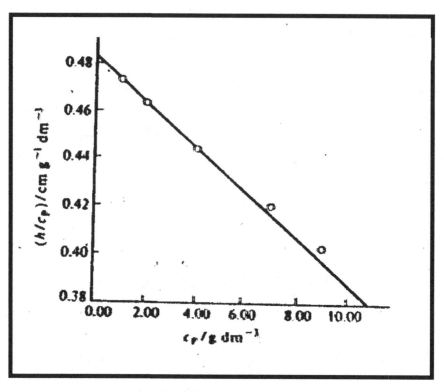

شكل (6) رسم لتقدير الكتلة المولارية

الفعالية تساوى الوحدة عندما يكون المذيب نقيا وتساوى X_A عندما يكون المحلول مثاليا. ويمكن كتابة الكسر- الجزيئى كالتالى : $X_A = 1 - X_P$ حيث أن X_P هو الكسر- الجزيئى للجزئ الكبير وبالتقريب يمكن أن نكتب $- X_P$ بدلا من $\ln(1- X_P)$ وفى قول آخر يمكن إجراء التقريب التالى $\ln X_A \approx - X_P$.

ويمكن أن تكتب القيمة التقريبية $\ln (1 - X_P)$ على الصورة $-X_P$ وفى قول آخر نصل إلى ما يلى :

$$\ln X_A \approx - X_P \quad (8)$$

وهذا يؤدى إلى معادلة فانت هوف. وعندما يكون المحلول غير مثالى نفرض أن $\ln a = - X_P$ تعتبر بداية السلسلة :

$$\ell n\, a_A = -\{X_p + B^{/} X^2 + \ldots\} \qquad (9)$$

وبالتعويض عن هذه التوسعة فى المعادلة للضغط الأسموزى وبالتحوير فى وحدات B سيؤدى ذلك إلى المعادلة (5). توسيع معدل طاقة الحركة للقيمة ℓna_A ذات أهمية. نظرية ماكميلان ماير للمحاليل تؤكد أن التوسعة متعددة الحدود مناسبة للإلكتروليتات ولسبب أن الفعاليات لمحاليل الإلكتروليتات يعتمد على الجذر التربيعى للتراكيز (نظرية ديباى هيكل). ينشأ بالمعامل (B) بدرجة كبيرة من تأثير الحجم المستبعد وهذه هى تذكار لغاز فادرفال حيث أن معامل معدل طاقة الحركة B يساوى b-a/RT والتى تختصر إلى B≈b عندما يسود تأثير الحجم المزاح. إذا تخيلنا محلولا من الجزئيات الضخمة المبنية بالإضافة المتتابعة للجزئيات الضخمة، كل واحد يكون مزاح من المساحة المشغولة بالجزئيات الأخرى التى تسبقها وتصبح القيمة B كما يلى :

$$B = \frac{1}{2} L\, V_p \qquad (10)$$

حيث v_p هو الحجم المزاح لجزئ واحد هو $v_p \approx 8V_{molecule}$.

فى بعض الأحيان بإستخدام مذيب معين عند درجة حرارة معينة معامل طاقة الحركة للتوسعة B ممكن أن يكون صفرا. وهذا يمكن أن يحدث عندما يتوازن الحجم المزاح بعوامل جذب تميل إلى رسم الجزئيات الضخمة معا. والحرارة فى هذه الحالة تسمى حرارة θ (θ temperature) وأن المحلول هو محلول θ وهذا يقابل حرارة بويل للغازات فالحذف العرضى للتأثيرات عند حرارة θ تعنى أن المحلول يتصرف بمثالية فعليا. وأن الخواص الثرمودياميكية يمكن وصفها بسهولة. فعلى سبيل المثال حرارة θ للبولى ستايرين فى السيكلوهكسان. هى حوالى 306 K والقيمة الفعلية تعتمد على الكتلة المولارية للبوليمر.

ويمكن إعتبار العينة مكونة من خليط من الجزئيات الضخمة لها كتل مولارية مختلفة. البروتين النقى هو عبارة عن صنف محدد له كتلة

مولارية واحدة ومحددة (أحادى التشتت) على الرغم من أنه يوجد إختلاف بسيط فى التركيب (فعلى سبيل المثال يمكن أن يوجد أحد الأحماض الأمينية فكان الحمض الآخر) إعتمادا على مصدر البروتين. ومن جهة أخرى فإن البوليمر المخلق هو عبارة عن خليط من سلاسل ذات أطوال مختلفة وتحتوى العينة على مدى من الكتل المولارية (عديدة التشتت). القياسات الأسموزية تعطى متوسط للكتل المولارية. وهناك طرق عديدة للحصول على المتوسطات. والطريقة التى تستخدم فيها القياسات الضغط الأسموزى هى عبارة عن المتوسط العددى .R.M.M ; $\langle Mr\rangle_N$ ويمكن أن تحدد كما يلى : نفرض أن لدينا N_i من الجزئيات تكون لها .R.M.M هى M_{ri} ، وعدد من الجزئيات هو N_{ri}. وعليه يكون المتوسط العددى .R.M.M هو .R.M.M لكل جزء عددى موزون له .R.M.M.

$$\langle Mr\rangle_N = \Sigma (N_i/N)\, M_{ri} = (1/N) \sum_i N_i.M_{ri} \qquad (11)$$

وهذا المتوسط يشبه المتوسط المأخوذ عند حساب متوسط الإرتفاع فى التعداد السكانى ومتوسط سرعة السيارات وهكذا. وحيث أن الأسموزية تعطى المتوسط العددى .R.M.M وليس أى شئ آخر حيث أنها خاصية تجمعية. أى أنها خاصية تعتمد على العدد وليس على طبيعة المادة.

ومن ناحية أخرى يمكن وجود شحنة على بعض أنواع الجزئيات الضخمة، بعض البوليمرات عبارة عن خيوط من مجموعات حمضية (مثل حمض البولى أكريليك):

$$-\ (CH_2CHCOOH)_n\ -$$

أو خيوط من القواعد (مثل الناليون):

$$-\ [NH(CH_2)_6\ NHCO(CH_2)_4CO]_n\ -$$

والبروتينات تحتوى على مجموعات حمضية وقاعدية. يمكن للبوليمرات أن تكون بولى إلكتروليتات وتعتمد على حالة التأين. (بولى أنيونات، بولى كاتيونات وبولى أمفوليتات التى هى خليط من طبيعة أنيونية وكاتيونية).

وعند دراسة البولى إلكتروليتات والجزئيات الضخمة المتأنية الموجودة فى الطبيعة من الضرورى معرفة حدود التأين قبل تفسير القراءات الأسموزية. فعلى سبيل المثال نفرض أن ملح الصوديوم للبولى إلكتروليتات تنقلك إلى V أيونات الصوديوم وإلى بولى أنيون مفرد $10V$. وعليه يتم قراءة معادلة فانت هوف كالتالى:

$$\pi/c_p = (V + 1)\, RT/M_m \qquad (12)$$

حيث c_p هى تركيز الكتلة المضافة للمركب Na_VP المضاف. إذا تخلينا أن $V=1$ بينما هى فى الحقيقة ($V=10$) مكون فى حساب الكتلة المولارية خطأ واضح.

نفرض أن محلول من البروتين أو الجزئيات الضخمة تحتوى ملحا مضاف (حيث أن محلول (Na_VP) يحتوى أيضا على ملح $Nacl$ على سبيل المثال وأنها فى ملامسة غشاء مثل السيلوفان (أو حدان الخلية) مع محلول ملح آخر. وأن الغشاء منفذ للمذيب وأيونات الملح ولكن غير منفذة لأيون البولى إلكتروليت نفسه. هذا النظام والذى يسمى ديلزة (dialysis) هو نفسه يحدث فى الأنظمة الحية حيث الأسموزية خاصية هامة فى عمل الخلية. ما هو تأثير الملح على الضغط الأسموزى ؟ سوف نرى أن الإجابة على هذا السؤال يؤدى إلى تفصيل المشكلة المعملية لتصور حدود التأين للجزئيات الضخمة. السبب فى ذلك هو لماذا نتوقع أثرا ينتج من وجود الملح المضاف وهو أن الأنيونات والكاتيونات لا تستطيع الهجرة خلال الغشاء بكميات إعتبارية وذلك لكون التعادل الكهربى يكون محفوظا على الجانبين، فإذا هاجر الأنيون فى إتجاه معين لابد أن

يصحبه الكاثيون والعكس صحيح. والمقطع الصحيح لتأثير إضافة الملح على إتزانـات الديلزة هو تأثير دونان. لنرى دلالات أو تلميحات تـأثير مونان نعتبر مـا يحـدث عنـدما يكون البولى إلكتروليت $(Na^+)_v \, P^{v-}$ عند تركيز قدرة $[P]$ على جـانبى الغشـاء وأن ملح الطعام $NaCl$ قد أضيف على الجانبين.

توجد على اليسار أيونـات P^{v-} ، Na^+ ، Cl^- وعلى اليمـين توجـد أيونـات Na^+ ، Cl^-. من دواعى الإتزان فأن الجهد الكيميائى لكلوريد الصوديوم $Nacl$ لابـد أن يتسـاوى عـلى جانبى الغشاء. وعليه يحدث الإنسياب الكلى لأيونات Na^+ ، Cl^- إلى أن نصل إلى الحالـة التى يتساوى فيها الجهد الكيميائى μ (NaCl, left) = μ (NaCl, right) لكل مـنهما. وهذا التساوى يتطلب إستخدام المعادلة (13)

$$\mu^\Theta (NaCl) + RT \ln \{a (Na^+) \, a (Cl^-)\}_{left}$$

$$= \mu^\Theta (NaCl) + RT \ln \{a (Na^+) \, a (Cl^-)\}_{right} \qquad (13)$$

إذا لـم تؤخـذ معاملات النشاطيـة فى الإعتبار، وعلى فـرض أن القيم القياسـية $(NaCl)$ u^Θ تكون واحدة على جانبى الحاجز وعليه يتطلب ذلك :

$$\{ [Na^+] [Cl^-] \}_{left} = \{ [Na^+] [Cl^-] \}_{righ} \qquad (14)$$

تأتى أيونـات الصوديـوم من كل من البولى إلكتروليت والملح المضاف فـإذا هـاجرت أيونات الصوديوم خلال الغشاء فإنها تكون مصحوبة بأيونات الكلوريـد ولـذلك للحفـاظ على التعادل الكهربى على جانبى الغشاء. (الجزئيات الضخمة تكون ضخمة بحيث أنها لا تمر خلال الغشـاء) وعليه فقد الإتزان.

$$[Na^+]_{left} = [Cl^-]_{left} + V[P]$$

$$[Na^+]_{right} = [Cl^-]_{righ}$$

تجمع هذه المعادلات مع المعادلة (14) للحصول على تعبـيرات للفـروق فى تركيـزات الأيونات خلال الغشاء.

$$\Theta\ [Na^+]_{left} - [Na^+]_{left} = \frac{\nu[P][Na^+]_{left}}{[Na^+]_{left} + [Na^+]_{right}} = \frac{\nu[P][Na^+]_{left}}{2[Cl] + \nu[P]} \quad (15)$$

$$\Theta\ [Cl^-]_{left} - [Cl^-]_{righ} = \frac{\nu[P][Cl^-]_{left}}{[Cl^-]_{left} + [Cl^-]_{right}} = \frac{\nu[P][Cl^-]_{left}}{2[Cl]} \quad (16)$$

وفى سبيل الحصول على هذين التعبيرين يمكن إستخدام هذه العلاقات :

$$[Cl^-]^{def} = \frac{1}{2}\ \{ [Cl^-]_{left} + [Cl^-]_{righ} \}$$

$$= \frac{1}{2}\ \{ [Na^+]_{left} + [Na^+]_{righ} - \nu\ [P] \}$$

الأول يتحدد بها $[Cl^-]$ التى يمكن قياستها بتحليل المحلولين، والثانية تأتى من معادلة التعادل الكهربى الأولى.

الخطوة الأخيرة هى ملاحظة إعتماد الضغط الأسموزى على الفرق فى عدد الدقائق على جانبى الغشاء عند الإتزان وبالتالى فإن معادلة فانت هوف (π=RT[solute]) تصير:

$$\pi = RT\ \{ [P] + [Na^+]_{left} - [Na^+]_{righ} + [Cl^-]_{left} - [Cl^-]_{right} \}$$

$$= RT\ [P]\ \{1 + \nu^2\ [P]\ /\ (\ 4\ [Cl^-] + \nu\ [P]\ )\ \} \quad (17)$$

نحصل على الخط الثانى من العمليات الجبرية على النتائج المدونة أعلاه.

هناك العديد من النقاط التى يجب التعامل معها. أولها: عندما تكون كمية الملح المضافة كبيرة لدرجة أن $[Cl^-] >> (\nu/4)[P]$ تكون صحيحة. فيمكن تبسيط المعادلة (17) أن تبسيط كما يلى:

$$\pi \approx RT\ [P]\ \{ 1 + (\nu^2/4\ [Cl^-])\ [P] \} \quad (18)$$

وأن وجود الملح يؤدى إلى نوع من معامل معدل الطاقة.

عندما يكون الملح عند هذا التركيز العالى لدرجة أن قيمة $\nu^2[P]/4\ [Cl]$ تكون أقل كثيرا عن الوحدة. فإن المعادلة الأخيرة (18) لتصبح π

$RT[P] \approx$ ولا يعتمد فى ذلك الوقت الضغط الأسموزى على قيمة V. وهـذه هـى أول نتيجة مهمة نبحث عنها.

وهذا يعنى أنه إذا قيست الضغوط الأسموزية فى وجود تركيز عالى من الملح (وهـذا هـو الحـال فى الغالـب للجزئيـات الضـخمة الموجـودة فى الطبيعـة) نحصـل عـلى الكتلـة المولارية بسهولة. والسبب المهم لهذا التبسيط هو أنه عندما يوجد تعامل قوى مع الملـح الموجود فى الحقيقة أن البولى إلكتروليت يعطى كاتيونـات إضـافية (أو أنيونـات إذا كـان البوليمر هو بولى كاتيون). وبالمرة نلاحـظ أيضا أنه إذا لم يكن هناك ملح مضاف لدرجـة أن تركيز $[Cl^-]=0$ تختصر المعادلة (17) إلى $\pi = (1 + V)\ [P]\ RT$ وتأتى النقطة الثابتـة من الأخذ فى الإعتبـار المعادلـة (16) هنـاك أهميـة غالبـا حـول المـدى الـذى تـرتبط بـه الأيونات مع الجزئيات الضخمة خصوصا إذا كان هناك غشاء (مثل جدار الخليـة) يفصـل بين منطقتين. أوضحت المعـادلات أن الكاتيونـات سـوف تزيـد عـن الأنيونـات فى الغرفـة المحتوية على بولى أنيون (الإختلاف فى التركيز يكون موجبا لـNa^+ ، سالبا لــ Cl^- المعادلـة (16) كافية لمتطلبات الإتزان والتعادل الكهربى، فإن Na^+ يميـل إلى الإلتصـاق مـع الجـزئ الضخم.

مثـــــال

حجمين متساويين من محاليل كلوريد الصـوديوم تركيـزهما هـو $0.200\ mol\ dm^{-3}$ مفصولين بغشـاء. فـإذا كان M_r للجزئ الضخم والذى لا يسـتيطع النفـاذ مـن الغشـاء هو $M_r = 55000$ والتى أضيفت على هيئـة ملح صوديـوم Na_6P وذلـك بتركيـز يصـل إلى $50g.dm^{-3}$ إلى الغرفـة على اليسار. ما هى التركيزات المتزنـة لكـل مـن Na^+ ، Cl^- فى كل غرفـــة ؟

الطريقة: والمعادلة التاليـة لإيجـاد مجمـوع Na^+ عـلى اليسـار وعـلى اليمـين. بحـل المعادلات للتركيزات المنفردة. تركيز الكلوريد أمكن

تقديرها من المعادلات التى تسبق المعادلة (16). إستخدام المعادلة $[P] = c_p / M_m$

الحـــــــــل

$$[P] = (50\ gdm^{-3}) / (55000\ g\ mol^{-1}) = 9.0909 \times 10^{-14}\ mol\ dm^{-3}$$

وتعطى المعادلة (16) بالشكل التالى:

$$[Na^+]_L - [Na^+]_R = \frac{6x(9.0409 \times 10^{-4}\ mol\ dm^{-3}) \times [Na^+]_L}{2x(0.200 mol\ dm^{-3}) + 6x(9.0909x10^{-4}\ mol\ dm^{-3})}$$

$$= 0.01345\ [Na^+]_L$$

$$[Na^+]_L - [Na^+]_R = 2[NaCl]+6[P] =(0.400 + 6x9.0909x10^{-4})mol\ dm^{-3}$$

$$= 0.40545\ mol\ dm^{-3}$$

وعليـــه فإن :

$$[Na^+]_L = 0.2041\ mol\ dm^{-3} ،\ [Na^+]_R = 0.2014\ mol\ dm^{-3}$$

$$[Cl^-]_R = [Na^+]_R = 0.2014\ mol\ dm^{-3}$$

$$[Cl^-]_L = [Na^+]_L - 6[P] = 0.1986\ mol\ dm^{-3}$$

التعليق: لاحظ أن الكلوريد يتجمع بدرجة بسيطة فى الغرفة التى لا تحتوى على الجزئيات الضخمة ويلاحظ أن الظروف التى فيها $[Cl] >> (z/4) [P]$ تكون ملائمة وعليه فيمكن إستخدام المعادلة (18) لحساب الضغط الأسموزى والتى تعطى بالعلاقة $\pi \approx 1.0409RT[P]$.

c -تقدير الكتل المولارية من إتزان الترسُّب :

الترسُّب: فى مجال الجاذبية ترسب الدقائق الثقيلة ناحية القاع فى عمود من السائل. وسرعة الترسُّب هذه لا تعتمد فقط على قوة المجال ولكن تعتمد أيضا على كتل وأشكال الدقائق. وعندما يكون هناك نظاما متزنا فإنه ليس كل الدقائق تكون موجودة فى أرضية الإناء وذلك لأن تأثير مجال الجاذبية ينافسه تأثيرات التقليب للحركة الحرارية. الدقائق تكون منتثرة فى مدى من الإرتفاعات تبعا لتغير بولتزمان للتوزيع السكانى. ويعتمد إنتشار الإرتفاعات على كتل الجزئيات. توزيع الإرتفاعات وعليه فإن تحليل التوزيع المتزن تعتبر طريقة جديدة لتقدير الكتل المولارية.

فى الفقرات التالية سوف نبحث عن الطرق المستخدمة لتفسير الكتل المولارية من إتزانات الترسب وكلا من الأشكال والكتل المولارية من سرعة الترسب.

الترسب عادة هى عملية بطيئة ويمكن زيادة سرعة الترسب بإحلال المجال الطرد المركزى محل المجال الجاذبية. وهذا يمكن تحقيقه بإستخدام جهاز الطرد المركزى الفوقى والذى هو عبارة عن إسطوانة تدور بسرعة كبيرة حول محورها. لتوضع العينة فى خلية ملاصقة لمحيط الإسطوانة المبين فى شكل (7)

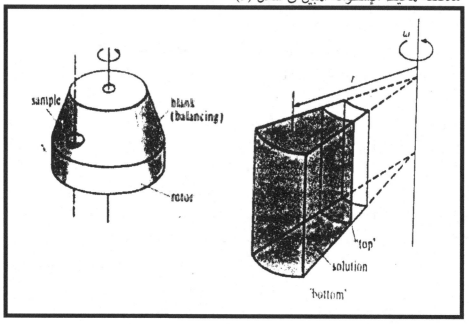

شكل (7) (a) جهاز الطرد المركزى الفوقى (b) تفاصيل تجويف العينة

يمكن إنتاج أجهزة طرد مركزى تدور بسرعة فائقة تفوق الجاذبية بما يعادل 10^5 مرة ففى البداية تكون العينة متجانسة ولكن فى أثناء التجربة فإن الحز الفاصل للمذاب الموجود على السطح تتحرك إلى الخارج أثناء عمليات الترسب. تستخدم سرعة تحرك الحد الفاصل لإيجاد الكتلة المولارية للمذيب. وتتلخص المشكلة الأساسية فى كيفية

مراقبة تركيز العينة عند مختلف أنصاف الأقطار عند الدوران بسرعة تصل إلى آلاف الدورة فى الدقيقة. وتعتبر الدراسة الطيفية أحد الوسائل ولكن من الشائع رصد التغير فى التركيز بإستخدام تأثير التركيز على معامل الإنكسار للعينة. الحد الفاصل بين السطح العلوى للمذاب والمذيب الذى تتركه خلفها نتيجة لعملية الترسب تؤدى إلى تغير فجائى وحاد فى معامل الإنكسار بين شطرى العينة. يتحرك الحد الفاصل إلى أعلى (الخارج) وحيث أن هناك تدرج فى معامل الإنكسار على طول العينة فإنها تبدو كأنها منشور وتحرف أى ضوء يمر خلالها. ويحول النظام البصرى لشليرن التدرج فى معامل الإنكسار إلى صورة داكنة شكل (8a) ويراقب النظام التداخلى المتغير التدرج فى معامل الإنكسار من خلال تأثيره على التداخل فى شعاعين من الضوء، أحدهما يأتى من العينة والآخر يأتى من النموذج شكل (8b) (تستخدم بصريات شليرن لمراقبة الإنسياب الهوائى فى سراديث الرياح وأنابيب الصدمات).

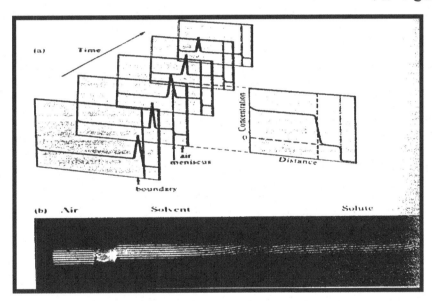

شكل (8a) صور شيترين لاغسار الحدود فى أزمنة متتابعة.
التفسير بتعبير التركيز موضح فى حالة واحدة. (8b) التداخل فى الصورة

d- معادلات سرعة الترسُّب للجزيئات الضخمة :

فلنأخذ فى الإعتبار دقيقة فى المحلول كتلتها m. عـلى أسـاس إزاحـة السـائل نأخـذ فى الإعتبار قابلية الوسط للطفو.

وتتعامل مع الكتلة الفعالة m_{eff} حيث أن $m_{eff}=(1-\rho v_s)m$ حيث أن ρ هى كثافة المحلول وأن ρs هو الحجم النوعى (وهو فى الحقيقة الحجم النوعى الجزئى)، أى الحجم لكل وحدة كتل من المذاب. وللبساطة فنحن نختصر المعادلـة الأخـيرة إلى $(m_{eff} = bm)$ حيث أن b هو تصحيح معامل قابلية الطفو. تظهر دقيقة المذاب قوة دوامة قدرها m_{eff} $r\omega^2$ عندما تكون عـلى مسـافة قـدرها r مـن محـور الـدوار وبسرعة زاويـة قـدرها ω، العجلة المستحثة التى تعمل إلى الخارج. يعادلها مرة إحتكاك تتناسب مع سرعة الدقيقـة s فى الوسط. وهذه القوة تكتب كالتالى fs حيث f هى معامل الإحتكاك. تتبنى الدقيقـة سرعة جريان التيار والتى تقيم عن طريق قوتين: $m_{eff}\, r\, \omega^2 = fs$ حيث أن :

$$s = m_{eff}\, r\, \omega^2/f = mbr\, \omega^2/f \qquad (19)$$

يعتمد معدل سريان التيار على السرعة الزاوية وعلى نصف قطر الدوار، نحـن نعلـم الإثنان وبالتالى فمن المناسب التركيز على النسبة $s/r\omega^2$ والتـى تسـمى ثابـت الترسـب S وحيث أن كتلـة الجزئ المنفرد ترتبط مع الكتلة المولارية مـن خـلال العلاقـة $m=M_m/L$ نصل إلى العلاقـة التاليـة :

$$S = s/r\, \omega^2 = M_m b/fL \qquad (20)$$

مثـــــــال

لوحظ ترسب مصل زلال البوفين عند25^oC وكان نصف القطر الإبتـدائى لسـطح المـذاب هو 5.500cm وخلال عملية الطرد المركزى عند 56850 لفة/ دقيقـة نحصـل عـلى القـيم التالية لـ r/cm عند مختلف الأزمنـة.

t/s	0	500	1000	2000	3000	4000	5000
r/cm	5.50	5.55	5.60	5.70	5.80	5.91	6.01

احسب ثابت الترسُّب.

الطريقة: بإستخدام المعادلة (20) لتحديد s بإستخدام النسبة dr/dt. بعمل تكامل للمعادلة $dr/dt = r\omega^2 s$ نحصل على العلاقة :

$$\ell n \{r(t) / r(o)\} = \omega^2 St$$

برسم العلاقة $\ell n \{r(t) / r(o)\}$ مع t نحصل على $\omega^2 S$ من ميل المنحنى. مع الأخذ فى الإعتبار أن $\omega = 2\pi V$ حيث أن V تعبر عنها بالدورة/ ثانية.

الحــــــــــــل

ارسم الجدول التالى:

t/s	0	500	1000	2000	3000	4000	5000
$\ell\{r(t)/r(o)\}$	0	0.0090	0.0180	0.0857	0.0531	0.0719	0.0887

من الرسم يكون ميل المنحنى من الرسم هو 1.788×10^{-5} وعليه :

نحصل على $\omega^2 S = 1.788 \times 10^{-5} \, s^{-1}$ لذا تصبح s كالتالى :

$$S = \frac{(1.788 \times 10^{-5} s^{-1})}{\left[2\pi \times (56850/60) s^{-1}\right]^2} = 5.04 \times 10^{-3} \, s.$$

التعليق: لاحظ أن وحدة القيمة 10^{-13} s تسمى أحيانا زفيدبرج ويرمـز لهـا بـالرمز S. وعليه ففى هذه الحالة يكون ثابت الترسب هو 5.04S. النتائج الدقيقة يمكن الحصـول عليها عندما تمتد القراءات إلى تركيز صفر. ولعمل أى تحوير لابد من معرفة شيئا ما حول ثابت الإحتكاك f. ولدقيقة كروية نصف قطرهـا a فى مـذيب لزوجتـه η يعطى معامـل الإحتكاك بعلاقـة سـتوكس $f = 6\pi a\eta$. لـذا فإنـه بالنسبة للجزئيـات الكرويـة الشـكل نحصل على المعادلة التاليـة :

$$S = bM_m / 6\pi \eta aL \qquad (21)$$

وتستخدم قيمة S لتقدير إما M_m أو نصف قطر الجزئ a وإذا كانت الجزئيات ليست كروية توجد علاقة بين f وأبعادها. وهناك بعض التغيرات الناتجة عندما تكون الجزئيات على شكل عصا أوعلى شكل مجسم القطع الناقص (مثل السيجار)، أو على شكل مجسم ناقص متطاول مثل الرقاقات وهذه التغيرات مدونة فى حدول (8). لابد أن يراعى أن تمتد قراءات الترسب حتى تركيز صفر وذلك لأن التداخل بين الجزئيات الضخمة يمكن أن يتسبب فى تعقيدات كبيرة.

e- معاملات الإحتكاك والشكل الهندسى للجزيئات :

جدول (8) معاملات الإحتكاك والشكل الهندسى للجزئيات

Sphere; r adius a, c = a

Prolate ellipsoid (مجسم القطع الناقص) major axis 2a, minor axis 2b, $c = (ab^2)^{1/3}$

$$\left\{\frac{(1-b^2/a^2)^{\frac{1}{2}}}{(b/a)^{2/3}\,\ell n\{[1+(1-b^2/a^2)^{1/2}]/(b/a)\}}\right\}f_o$$

Oblate ellipsoid (مجسم ناقص متطاول) major axis 2a, min or axis 2b, $c = (a^2b)^{1/3}$

$$\left\{\frac{(a^2/b^2-1)^{\frac{1}{2}}}{(a/b)^{2/3}\arctan\left[(a^2/b^2-1)^{1/2}\right]}\right\}f_o$$

Long rod (العصا الطويلة), length ℓ, radius a, $c = (3a^2\ell/4)^{1/3}$

$$\left\{\frac{\left(\frac{1}{2}a\right)^{2/3}}{(3/2)^{1/3}\{2\ell n(\ell/a)-0.11\}}\right\}f_o$$

In each use $f_o = 6\pi\eta c$ with appropriate value of c

For prolate ellipsoid : مجسم القطع الناقص

a/b	2	3	4	5	6	7	8	9	10	50	100
f/f_o	1.04	1.11	1.18	1.25	1.31	1.38	1.43	1.49	1.54	2.95	4.07

For oblate ellipsoid : مجسم ناقص متطاول

a/b	2	3	4	5	6	7	8	9	10	50	100
f/f_o	1.04	1.10	1.17	1.22	1.28	1.33	1.37	1.42	1.46	2.38	2.97

يؤثر شكل الجزئ فى معدل الترسب.

يؤثر شكل الجزئ على سرعة الترسب، الجزئيات الكروية عموما (وكذا الجزئيات المتلبدة) تترسب أكثر من الجزئيات التى لها شكل العصا أو المنبسطة. فعلى سبيل المثال DNA التى على شكل لولبى تترسب بسرعة أكثر وذلك عندما تتحول عن الصفات الطبيعية لها وذلك إلى شكل لولب عشوائى. وبالتالى سرعة الترسب تستخدم لمراقبة التحول عن الصفات الطبيعية. عند إستخدام سرعة الترسب لتقدير الكتل المولارية يكون من الضرورى معرفة نصف قطر الجزئ (a) أو عموما معامل الإحتكاك F. وهذه المشكلة يمكن تحاشيها وذلك برسم علاقة قياسية بين F ومعامل الإنتشار D. معاملات الإنتشار فى (الجدول 9) مقياس للسرعة التى سنتشر بها الجزئيات عبر التدرج التركيزى. والتى يمكن قياسها وذلك بمشاهدة السرعة التى عندها ينتقل المحلول الأكثر تركيزا إلى المحلول الأقل تركيزا. وهناك طرق أخرى تعتمد على تشتت الضوء. كما سنرى فيما بعد.
المعادلة الحرجة لمعامل الإحتكاك:

$$F = kT/D \qquad (22)$$

والنقطة الهامة فى ذلك هى أن هذه العلاقة لا تعتمد على شكل الصنف ومن المعادلة (20) يتضح أن :

$$M_m = FSL/b = SL\,kT/bD = S\,RT/bD \qquad (23)$$

لذا فإنه لكى نحصل على M_m نجمع بين قياسات سرعة الترسب وسرعة الإنتشار أى بين كلا من S ، D.

جدول (9)

معاملات الإنتشار للجزئيات فى المحلول المائى عند $20^{o}C$

الجزئ الضخم Macromolecule		الوزن الجزيئى Mr	معامل الإنتشار $D/10^{-7}\ cm^{2}\ s^{-1}$
Sucrose	سكروز	342	45.86
Ribonuclease	ريبونيوكلييز	13683	11.9
Lysozyme	ليسوزيم	14100	10.4
Serum albumin	مصل زلالى	65000	5.94
Haemoglobin	هيموجلوبين	68000	6.9
Urease	يورييز	480000	3.46
Collagen	كولاجن	345000	0.69
Myosin	ميوسين	443000	1.16

مثـــــال

إستخـــدم القــرءات الـواردة فى المثــال السـابق مـع القـراءات التاليـة لإيجـاد قـيم R.M.M. للمصل الزلالى البقرى وإحسب نسبته المحورية على أساس أنـه مجسـم نـاقص متطاول. أعتبر $D=6.97x10^{-7}\ cm^{2}\ s^{-1}$ ، $\rho=1.0024\ g\ cm^{-3}$ ، $V_s=0.734\ cm^{-3}\ g^{-1}$، η $=0.890x10^{-3}\ kg\ m^{-1}\ s^{-1}$ وأن درجة الحرارة هى $25^{o}C$.

الطريقة: إستخدم المعادلـة (23) لحسـاب M_m ، حيـث $S=5.04\ x\ 10^{-13}s$. لأجـل إيجـاد النسبة المحورية نرجع إلى الجدول (8). أولا نوجدF مـن المعادلـة (22)،F، f_o وذلـك مـن الفرض القائل بأن الجزئ هو عبارة عن كرة نصف قطرها c. أوجد c من V_s عن طريـق $V_{mol} = (4/3)\ \pi c^3$ ، ومن العلاقة $f_o = 6\pi\eta c$. ثم أخيرا نوجد قيمـة b/a مـن الجـدول (8) التى تعطى القيمة المشاهدة لـ f/f_o.

الحـــــل

$$M_m = \frac{(5.04\ x\ 10^{-13}s)\ x\ (8.314JK^{-1}mol)\ x\ (298.15K)}{(1-1.0024\ x\ 0.734)\ x\ (6.97\ x\ 10^{-11}m^2s^{-1})}$$

$$= 67.9\ kg\ mol^{-1} = 67900\ gmol^{-1}$$

وعليه فإن : $M_r = 67900$

$$F = kT/D = (1.381x10^{-23}\ JK^{-1})\ x\ (298.15K)\ /\ (6.97x10^{-11} m^2 s^{-1})$$
$$= 5.91\ x\ 10^{-11}\ kg\ s^{-1}$$

$$\nu_{mol} = (0.734\ cm3\ g^{-1})\ x\ (67900\ g\ mol^{-1})\ /\ (6.022\ x\ 10^{23}\ mol^{-1})$$
$$= 8.28\ x\ 10^{-26}\ m^3$$

$$c = \left[(3/4\pi)\nu_{mol}\right]^{1/3} = 2.70\ x\ 10^{-9}\ m$$

$$F_o = 6\pi\eta c = 6\pi\ x\ (0.890x10^{-3}\ kg\ m^{-1}\ s^{-1})\ x\ (2.70x10^{-9}m)$$
$$= 4.54\ x\ 10^{-11}\ kg\ s^{-1}$$

لذا نجد أن :

$$F/F_o = (5.91\ x\ 10^{-11}\ kg\ s^{-1})\ /\ (4.54\ x\ 10^{-11}\ kg\ s^{-1}) = 1.30$$

بالرجوع إلى الجدول (8) يتبين أن النسبة المحورية أقل قليلا من القيمة 6 .

التعليق: مجسم القطع الناقص يشبه السيجار. وطولها 6 مرات أكثر من عرضها. الحسابات الأكثر دقة (والمعتمدة على مد الخط المستقيم حتى تركيز صفر) تعطى النسبة المحورية على أنها 4.4 .

f- اتزانات الترسب sedimentation equilibrium

تكمن صعوبة الحصول على الكتلة المولارية بإستخدام سرعة الترسب تكمن فى عدم الدقة الملازمة لتعيين معامل الإنتشار. السطح الفاصل ليس واضحا بسبب تيارات التوصيل. مشكلة اختصاصنا لمعرفة D يمكن تجنبها وذلك بالسماح للمحلول بالرسو إلى إتزان جارى وحيث أن عدد جزئيات المذاب بأى طاقة وضع E تتناسب مع exp (-E/kT). نسبة التراكيز عند إرتفاعين مختلفين (أو نصف القطر فى جهاز الطرد المركزى) تستخدم لحساب كتلتهما. كل ما نريد معرفته هو أن طاقة الوضع لجزئ كتلته m_{eff} عندما يتحاور حول نصف قطر r وذلك بسرعة زاوية ω هى $m_{eff}\ r^2\omega^2 \frac{1}{2}$نسبة التراكيزات عند نصف قطر r_1، r_2 هى كما يلى:

$$cp\ (r_1)\ /\ cp\ (r_2) = N(r_1)\ /\ N(r_2) = exp\{-E(r_1)\ /\ kT\}/exp\{-E(r_2)/kT\}$$

$$= \exp\{-\frac{1}{2} mb\omega^2 (r_1^2 - r_2^2) / kT\}$$

أو :

$$M_m = \frac{2RT\ell n[cp(r_2)/cp(r_1)]}{(r_1^2 - r_2^2)b\omega^2} \quad (24)$$

لإستخدام هذه التقنية. فإن جهاز الطرد المركزى يجرى (يعمل) بسرعة بطيئة جدا أكبر من تلك الطريقة المستخدمة فى سرعة الترسب وذلك لأن معظم المذاب يكون مضغوطا على هيئة غشاء رفيق على قاع الخلفية.

الإلكتروفوريسيز (هجرة الجزئيات المعلقة فى مجال كهربى) [الإستشراد] :

كثير من الجزئيات الضخمة تحمل شحنة كهربية ولذلك فإنها تستحث تتحرك تحت تأثير المجال الكهربى. وتسمى هذه الظاهرى الإلكتروفوريسيز ويمكن للمحلول أن يثبت على ورقة ولكن فى الإلكتروفوريسيز بالجل فإنه الهجرة تحدث خلال جل بولى أكريلاميد المكرس.

تعتمد حركة الجزئيات (مثل حركتها فى تجارب الترسب) على كتل الجزئيات وعلى شكلها: وأحد الطرق المستخدمة لتحاشى مشكلة معرفة أى من الشكل الهيدروديناميكى للصنف أو شحنتها الكلية هى تغيير خواصها الطبيعية بطريقة منظمة. وقد وجد أن المنظف دودتسيل كبريتات الصوديوم يكون مفيدا فى هذه الحالة. ففى المقام الأول فهى تغير طبيعة البروتينات وتحولها إلى شكل يشبه العصى وذلك بعمل متراكب معها.

لذا فإن جميع البروتينات مهما كانت حالتها الإبتدائية يمكن أن تتغير طبيعتها عند نفس الشكل. وهناك أيضا فإن معظم البروتينات تجد أنها ترتبط مع كمية ثابتة من المنظف لكل وحدة كتل ولذلك فإن الشحنة لكل جزئ بروتين تكون منتظمة. تقدير الكتلة المولارية

للبروتين يمكن أن يحدث وذلك بمقارنة مرونتها فى صورة متراكب (شكل العصا) وذلك بإستخدام عينات قياسية كتلتها المولارية معروفة.

ترشيح الجيلى Gel filtration:

يمكن لحرزات من مادة بوليمرية أسفنجية قطرها 0.1 ملم أن تحتجز جزئيات بطريقة إختيارية تبعا لحجمها . وعليه فإذا رشح محلول خلال عمود فإن الجزئيات الصغيرة تحتاج إلى وقت تصفية كبير بينما الجزئيات الكبيرة والتى لا تحتجز تمر بسرعة خلال العمود الكتلة المولارية للجزئيات الكبيرة يمكن تقديرها بملاحظة وقت إنسيابها على عمود معاير بإستخدام جزئيات كبيرة معلومة الكتلة المولارية. يتغير المدى للكتل المولارية المقدرة بإختيار أعمدة مصنوعة من بوليمرات لها درجات تكريس مختلفة. تختلف أوقات الإنسياب التتابعية بإختلاف أشكال الجزئيات بطريقة صعبة نسبيا وتعتبر التقنية مناسبة فى حالة الجزئيات الضخمة الكروية الشكل.

g- اللزوجة Viscosity:

وجود الجزئيات الكبيرة يؤثر على لزوجة الوسط. وعليه فإن قياسها يمكن لها أن تعطى معلومات حول الحجم والشكل لتلك الجزئيات ويكون التأثير كبيرا حتى عند التركيزات المنخفضة. وذلك لأن الجزئيات الكبيرة تؤثر على إنسياب السوائل المحيطة بها فى مدة كبيرة.

فى الخطوة الأولى مطلوب معرفة الكمية المستخدمة. فعند تركيزات منخفضة للمذاب فإن لزوجة المحلول η متوقع لها أن ترتبط بلزوجة المذيب النقى بالعلاقة التالية:

$$\eta = \eta^* - Ac_p + \ldots\ldots$$

حيث A هو ثابت، η^* هى لزوجة المذيب النقى. ويكتب الثابت A على الصورة التالية: $A= \eta^* [\eta]$.

حيث أن [η] هى اللزوجة الأصلية والتى تعتبر نظيرا لمعدل طاقة الحركة. وبالتالى:

$$\eta = \eta^* + \eta^*[\eta] \, c_p + ... = \eta^* \{1 + [\eta] \, c_p + ...\} \qquad (25)$$

وعليه فيمكن تقدير اللزوجة الذاتية عمليا بإستخدام الحد التالى:

$$[\eta] = \qquad \lim \{ \, [\, (\eta / \eta^*) - 1 \,] \, / \, c_p \}. \qquad (26)$$

$$c_p \longrightarrow o$$

[η] لها وحدات مقلوب التركيز ($dm^3 \, g - 1$)

ويمكن أن تقاس اللزوجة بطرق مختلفة وتعتمد الطريقة العامة على جهاز أسـتوالد فسكومتر التى تتكون من أنبوبة شعرية تتصل مع خزانين الشكل (9a).

يقاس الوقت اللازم لإنسياب المحلول ويقارن مـع عينة قياسية. وتعتبـر الطريقـة مناسبة للحصول على [η] وذلك لأن النسبة بين لزوجة المحلول ولزوجـة المـذيب النقـى تتناسب مع أزمنة الصرف t drain (إذا أجريت تصحيح للكثافات المختلفة ρ ، ρ^*) .

$$\eta / \eta^* = (t_{\,drain} / t^*_{\,drain}) \, (\rho / \rho^*)$$

ويراعى أن نتأكد من أن درجة الحرارة ليست ثابتة فقط ولكنها متجانسة أيضا.

يمكن أن تستخدم فسكوميتر على هيئة إسطوانات متحدة المركز ودوارة شكل (9b). وتقاس اللزوجة بمراقبة عزم الـدوران علـى الإسطوانة الداخلية. بينما تـدور الإسطوانة الخارجيـة، تمتـاز هـذه الفسـكوميترات علـى نـوع اسـتوالد وذلك لأن تـدرج الفص بـين الإسطوانات يكون أكثر بساطة من طريقة الأنبوبة الشعرية. وعليـه فإنـه يمكن دراسة السلوك اللانيوتونى بسهوله .

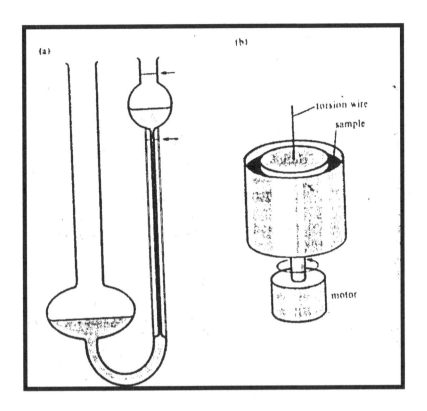

شكل (9a, 9b) نوعان من مقياس اللزوجة (a) أستوالد ، (b) الإسطوانة الدوارة

هنـاك الكثيـر مـن الصـعوبات فـى تفسـير قياسـات اللزوجة ومعظم (وليس كـل) الدراسات تعتمد على الملاحظات البدائية. قياس لزوجة المحاليل المأخوذة مـن مـذابات قياسية تستخـدم لتقديـر الكتـل المولاريـة. فعـلى سبيـل المثال وجـد أن البـوليمرات الخطية والملفوفة إلى لفة كروية عشوائية فى مذيبات θ تتبع القانون التالى: $[\eta]\ r^{1/2}$ • H وعلى العموم فإن $[\eta]=KM\ r^{a}$ حيث أن K ، a ثوابت (الجـدول 10) موضحا بـه قيم K ، a والتى تعتمـد قيمها عـلى نـوع المـذيب والجزئيـات الضخمة. هناك بعض التبريرات النظرية التى يمكن أن تناقش لهذه العلاقة. فللكرات الصلبة وجد أن $a=(\dfrac{1}{2})$ بينما للأشكال العصوية فإن (a=2) لذا فبتقدير قيمة

(a) نحصل على معلومات حول شكل الصنف فى المحلول. فعلى سبيل المثال محاليل البولى (γ - بنزيل - L - جلوتاميت) فى شكلها العصوى والصلب لها رقم لزوجة أربع مرات أكبر منها فى حالة العينات المحولة لصفاتها الطبيعية.

وفى هذه الحالة تهبط الأشكال العصوية إلى ملفات عشوائية والعكس صحيح فإن المحاليل الرابيونيوكليز الطبيعية أقل لزوجة من تلك المحولة صفاتها الطبيعية.

وهذا يوضح أن الروتين الطبيعى يكون تركيبه أكثر تلبدا (متانة) من ذلك المحول صفاته الطبيعية.

مثـــــال

لزوجة سلسلة من المحاليل البولى ستايرين فى القولوين قيست عند $25^{o}C$ وكانت النتائج كما يلى :

$c_p/(g\ dm^{-3})$	0	2.0	4.0	6.0	8.0	10. 0
$\eta/10^{-4}\ kg\ m^{-1}\ s^{-1}$	5.5 8	6.15	5.74	7.35	7.9 8	8.6 4

أوجد اللزوجة الذاتية للمحاليل ثم احسب .R.M.M على أساس أن لزوجة المحلول تتبع العلاقة $[\eta] = KM_r^a$ حيث أن $K = 3.80 \times 10^{-5}\ dm^3g^{-1}$ ، $a = 0.63$.

الطريقة : للزوجة الذاتية هى حد القيمة التالية $[\eta/\eta^*-1]/c_p$ حيث أن c_p تئول إلى الصفر. لذا كون هذه النسبة ومد الخط على إستقامته إلى $c_p = o$.

الحـــــل

إرسم الجدول التالى :

$c_p\ /(gdm^{-3})$	0	2.0	4.0	6.0	8.0	10.0
$\eta\ /\eta^*$	1	1.102	1.208	1.317	1.430	1.549
$[(\eta\ /\eta^*)-1]/(c_p\ /gdm^{-3})$	–	0.051 1	0.0520	0.0528	0.0538	0.0549

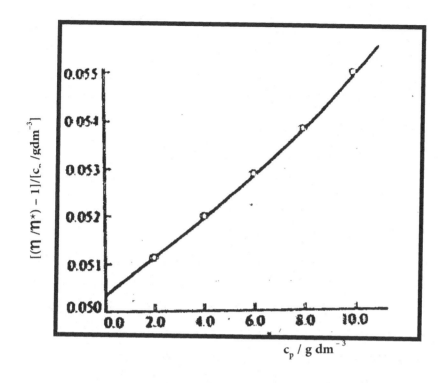

$[(\eta/\eta^*) - 1]/[c_p /gdm^{-3}]$
c_p / g dm^{-3}

شكل (10) تقدير اللزوجة الذاتية

القراءات رسمت فى الشكل (10). الجزء المقطوع الممتد عند تركيز $c_p = 0$ هو 0.0504 وعليه $[\eta] = 0.0504\ dm^3g^{-1}$. وبذلك فإن R.M.M. تعطى كالتالى:

$$M_r = ([\eta]\ K)^{1/a} = (0.0504\ dm^3g^{-1} / 3.80 \times 10^{-5}\ dm^3g^{-1})^{1/0.63}$$
$$= 1326^{1.59} = 90450$$

التعليق : هذا هو متوسط R.M.M. .

لاحظ أن :

$$\ell n\ (\eta/\eta^*) = \ell n\ [1+(\eta-\eta^*)/\eta^*] \approx (\eta-\eta^*)/\eta^* = (\eta-\eta^*)-1,\ \eta\approx\eta^*$$

لذا يمكن تحديد اللزوجة الذاتية على أنها حد للقيمة $(1/c_p)\ell n\ (\eta-\eta^*)$ عندما $c_p\rightarrow 0$. والجزء المقطوع يمكن تحديده بدقة برسم الدالتين.

اللزوجة الذاتية ، .R.M.M

Macromdecule	Solvent	t/°C	$K/10^{-2}cm^3g^{-1}$	a
Polystyrene	Benzene	25	0.95	0.74
بولى ستايرين	Cyclohexane	34^{θ}	8.1	0.50
Polyisobutylene	Benzene	24^{θ}	8.3	0.50
بولى أيزوبيوكلين	Cyclohexane	30	2.6	0.70
Amylose أميلوز	0.33 moldm-3KCl	25^{θ}	11.3	0.50
Various proleins +	Guanidine hydrochloride + •-mercaptoethanol –		0.716	0.66

θ : theta temperature   θ حرارة

حيث N هى عدد الأحماض الأمينية حيث N إستخدام العلاقة :

† : use $[\eta] = KN^{a}$,N the number of amino acid residue.

هناك أحد الصعوبات التى نصادفها هى أنه فى بعض الأحيان وجد أن اللزوجة تقل عندما يزيد معدل إنسياب المحلول وهذا هو مثال على السلوك اللانيوتونى وهذا يدل على وجود جزئيات عصوية (شكل العصا) والتى تنحرف بالإنسياب لدرجة أنها تنزلق على بعضها البعض بحرية.

وفى بعض الأحيان فإن الضغوط القائمة بالإنسياب تكون كبيرة لدرجة أن الجزئيات الطويلة تتفق مع بعض التأثيرات على الزوجة.

h- التشتت الضوئى Light scattering :

عندما يسقط الضوء على مادة ما فإنها تقود إلكتروناتها إلى الذبذبة وبالتالى فإنها تصدر إشعاعا. وإذا كان الوسط تام التجانس (على سبيل المثال بللورة متكاملة) فإن جميع الموجات الثانوية سوف تتداخل فيما بعد عدا الإتجاه الأصلى للإنتشار. لذا فإنه الناظر يمكن أن يُرى الشعاع فقط إذا نظرنا بالضبط على طول إتجاه الإنتشار (النمو). وبالمقارنة إذا كان الوسط غير متجانس وذلك فى حالة البللورات الغير متكاملة أو فى

المحلول المحتوى على أجسام غريبة (الجزيئات الضخمة فى المذيب، الدخان فى الهواء.. وهكذا) يمكن الحصول على شعاع مشتت فى إتجاهات مختلفة.

فالفاحص حتى لو أنه لم ينظر على طول خط إتجاه الإنتشار المبدئى يمكن أن يرى الضوء بسهولة. والمثال المألوف هو رؤية الضوء المشتت عن طريق ذرات التراب المنتشرة فى شعاع الشمس. وفى الإعلانات المضاءة بأشعة الليزر فلنأخذ فى الإعتبار خصائص التشتت من دقائق أصغر كثيرا من الطول الموجى λ للضوء الساقط. ويسمى هذا تشتت رايلى. يعتمد شدة التشتت على الطول الموجى $1/\lambda^4$ لدرجة أن الأطوال الموجية القصيرة تتشتت أكثر من الأطوال الموجية الطويلة. ويكون الإرتباط معروفا على الأقل كيفيا من اللون الأزرق فى السماء فى النهار التى تأتى من التشتت الأساس للمكونات الزرقاء فى ضوء الشمس عن طريق الذرات والجزيئات المنتشرة فى الجو. تعتمد الشدة أيضا على زاوية المشاهدة θ (ثيتا) وتتناسب مع $(1+\cos^2\theta)$ وذلك عندما يكون الضوء الساقط غير مستقطب. لذا فإن أقصى شدة تحدث فى كل من الإتجاه الأمامى $(\theta = o)$ والإتجاه الخلفى $(\theta = 180^o)$ شكل (11). ومن وجهة النظر العملية فإنه يبدو أنه من الأسهل إجراء المشاهدة فى الإتجاه اللاأمامى. وتعتمد الشدة أيضا على قوة تداخل الضوء مع الجزئيات. ويكون التداخل عاليا إذا كان الإستقطاب عاليا. وهذا هو السبب فى أن تشتت الضوء يكون مفيدا فى دراسة الجزئيات الضخمة. فتكون الجزئيات ضخمة وأكثر إستقطابا عن الوسط المحيط. وبالتالى فإنها تفضل التشتت عندما تجتمع كل هذه الظواهر فى نظرية كمية شدة التشتت $I(\theta)$ عند زاوية قدرها θ هى :

$$I(\theta) = AI_o \, cp \, M_r \, (1 + \cos^2\theta) \qquad (27)$$

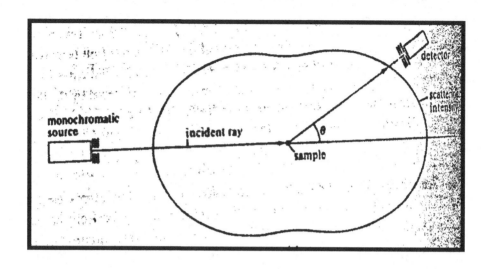

شكل (11) تشتت رايلى من دقائق تشبه النقطة

حيث أن I_o هى شدة الضوء الساقط ، c_p هى تركيز المذاب، M_r هى R.M.M. للجزيئات الكبيرة، A ثابت يعتمد على معامل إنكسار المحلول والطول الموجى والمسافة بين الجهاز وخلية العينة. وهذه نتيجة تكون نموذجية حيث أنها تهمل الصعوبات الناتجة من التداخل مع الجزيئات الضخمة وفى التجربة الحقيقية من المهم أن نمد المنحنى إلى إستقامته حتى تركيز يساوى صفرا.

والتطبيق الحقيقى لتشتت الضوء هو لتقدير الكتلة المولارية للمذاب. تقاس الشدة $I(\theta)$ لسلسلة من التركيزات. ثم نعين M_r من القيمة المحدودة لـ $I(\theta)/c_p$. وفى حالة الحينة عديدة التشتت تعطى هذه الطريقة متوسط الكتلة المولارية. فلابد أن نلاحظ أن المتوسط ليس هو المتوسط العددى الذى صادفناه فى القياسات الأسموزية ولكنه متوسط مختلف (المتوسط الكتلى .R.M.M أو $\langle Mr \rangle_M$ وهذا يتحدد بكتل الجزيئات المنفردة الموزونة تبعا لكنها (حتى نفرق بين أعدادها). نفرض أن الكتلة الكلية للمذاب هى M وأن كتلة الجزيئات التى لها M_{ri}.R. M.M. هى M_i وبالتالى فإن متوسط الكتلة R.M.M. للعينة هى:

$$\langle M_r \rangle_M = \sum (M_{ri}/M) M_{ri} = (1/M) \sum_i M_i M_r \qquad (28)$$

السبب فى أن تشتت الضوء يقدم الكتلة الموزونة .R.M.M هو أن شدة التشتت تكون كبيرة للدقائق الضخمة.

مثـــــال

عينة من البوليمر تحتوى على مكونين موجودين بكتلتين متساويتان أحدهما لها M_r=30000 والأخرى لها M_r=12000. ما هى قيمة المتوسط الكتلى والمتوسط العددى .R.M.M.s

الطريقة: بإستخدام المعادلة (11) للمتوسط العددى والمعادلة (28) لمتوسط الكتلة. فإننا لدينا

$$M = M_1 + M_2 \,, \; M_1 = M_2$$

النسبة الكتلية هى :

$$M_1/M = \frac{1}{2} \quad ، \quad M_2/M = \frac{1}{2}$$

النسبة بالعدد هى :

$$N_i / N = (M_i / M_{ri}) / \{ (M_1/M_{r_1}) + (M_2/M_{r_2}) \}$$

أو

$$N_1/N = M_{r_2} / (M_{r_1} + M_{r_2})$$

$$N_2/N = M_{r_1} / (M_{r_1} + M_{r_2})$$

لأن :

$$M_1 = M_2$$

الحــــــل

من المعادلة (11) نجد أن :

$$\langle M_r \rangle_N = \sum_i (N_i/N) M_{ri} = 2 M_{r_2} M_{r_1} / (M_{r_1} + M_{r_2})$$

$$= 2 \times 12000 \times 30000 / (12000 + 30000) = 17143.$$

من المعادلة (28)

$$\langle M_r \rangle_M = \sum_i (M_i/M) M_{ri} = \frac{1}{2} (M_{r_1} + M_{r_2})$$

$$= \frac{1}{2}\ (12000 + 30000) = 21000.$$

التعليق: لاحظ أن المتوسطين يعطيان نتائج مختلفة كثيرا بنسبة تصل إلى حوالى 1.2.

حيث أن $N_i = M_iL / M_{ri}$ ، متوسط الكتلة .R.M.M يمكن أن تكتب على الصورة :

$$<M_r>_M\ (1 / \sum_i N_i M_{ri}) \sum_i N_i M_{ri}^2$$

وعليه تكون (عددا) متوسط تربيعى .R.M.M

التجارب الخاصة بالترسب تعطى قيم .R.M.M مختلفة، وتكون Z-average R.M.M.

$$<M_r>_Z\ (1 / \sum_i N_i M_{ri}) \sum_i N_i M_{ri}^3$$

حيث أنها المتوسط المكعب .R.M.M.

أوضح المثال أن هناك مشكلة فى وجود نوعان من المتوسط. والملاحظة هى أن قيمتا $<M_r>_N$ ، $<M_r>_M$ مختلفتان وتعطيان معلومات إضافية حول المدى من الكتل المولارية فى العينة الواحدة.

فى تقدير الكتل المولارية للبروتين نتوقع أن يكون المتوسطان متساويان لأنه العينة أحادية التشتت (إلا إذا كان هناك تفكك). أما البوليمرات المخلقة فيوجد هناك مدى من الكتل المولارية وبالتالى نتوقع إختلاف المتوسطات، ويتضح مدى المساهمات من القيم العددية للإختلاف. ففى المواد المخلقة النموذجية تقترب النسبة $<M_r>_N/<M_r>$ من 3. التعبير أحادى التشتت يمكن أن ينطبق على البوليمرات المخلقة والتى تصل النسبة فيها إلى أقل من 1.1.

وحيث أن المذاب مسئول عن تشتت الضوء خارج نطاق الإتجاه الأمامى للشعاع فإنه يتبع ذلك أن تنخفض شدة الضوء النافذ. تعطى

شدة الضوء النافذ عن طريق بانون لامبرت وبير: إذا كانت الشدة الإبتدائية هي I_o ، الشدة التى تبقى بعد سفر الشعاع خلال مسافة من المحلول قدرها ℓ هي I_t نحصل على المعادلة التالية:

$$I_t = I_o \exp(-\tau\ell) \qquad (29)$$

حيث أن τ هى العكارة. تزداد العكارة بزيادة قوة تشتت المحلول ويمكن أن تقدر قيمتها الحقيقية من المعادلة (27) بتقييم الكمية الكلية للضوء المشتت مزاحا عن الإتجاه الإبتدائى.

وهذا يؤكد أن $\tau \bullet c_p M_r$ وبالتالى تعتمد العكارة على الكتلة المولارية للمذاب وعلى تركيزه.

القيم النموذجية للخاصية τ هى $10^{-5}cm^{-1}$ وذلك للسوائل الشفافة النقية (لدرجة أن العينة يكون طولها 1 km قبل أن تنخفض الشدة إلى 1/e من القيمة الإبتدائية بسبب التشتت فقط.

وعند هذه العطارة المنخفضة فإن الإمتصاص يكون أكبر من الإنخفاض فى الشدة) فهى تصل إلى $10^{-3}cm^{-1}$ للبوليمرات عند تركيز قدره 1% ، $10cm^{-1}$ لمستحلب اللبن وهذا يعنى أنك تستطيع أن ترى إلى عمق 1mm فى كوب من اللبن.

والآن نحن نلتفت إلى الإعتبار الخاص بالمعلومات التى يمكن الحصول عليها من تجارب تشتت الضوء عندما لا يكون الطول الموجى مختلفا كثيرا عن حجم الجزئيات المسئولة عن التشتت.

وعندما يكون حجم الدقائق قريبا من الطول الموجى، يحدث تشتت من مختلف المكونات. الشكل (12)

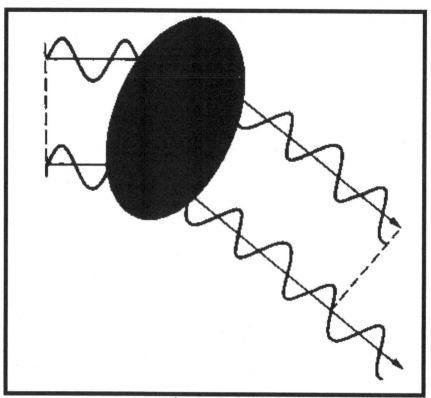

الشكل (12) التداخل بين موجات مشتتة بأجزاء مختلفة من الجزئ العتم

وهذا التأثير يكون ظاهرة عامة كل يوم. فإنها توضح على سبيل المثال ظهور السحب بيضاء فى السماء نحن نرى السحب بالضوء المشتت عنها ولكنها تختلـف عـن السـماء فى أنها لا تعتبر زرقاء اللون. والسـبب فى ذلك هـو تجميـع جزيئـات المـاء معـا إلى قطرات حجمها يساوى أو يزيد على الطول الموجى للضوء وتتشتت تعاونيا. فعلى الرغم مـن أن الضوء الأزرق تكون قدرته على التشتت كبيرة. فإن الجزيئات الكبيرة يمكن أن تسـاهم تعاونيا فى الطول الموجى الكبير (كما هو الحال فى الضـوء الأحمـر)، وبالتـالى فـإن الضـوء الأبيض يتشتت كضوء أبيض من السحب. وهذه الورقة تبدو بيضاء لنفس السبب. دخان السجاير يبدو أزرقا فى هواء الشهيق ولكنـه يكون بنيـا بعـد عمليـة الـزفير لأن الـدقائق تتجمع فى الرئتين. ومن الخصائص العظمى للدقائق ذات الحجم الكبير هى أنها

تنحرف عن القيمة ($1+\cos^2\theta$) والمميزة للدقائق الصغيرة (تشتت رايلى) الشكل (13) وتحليل الإرتباط الزاوى لشدة الضوء المشتت يعطى معلومات حول شكل الجزيئات الكبيرة فى المحلول. ويركز التحليل على القيمة $P(\theta)$ وهى نسبة الشدة المشاهدة عند زاوية قدرها θ إلى الشدة المشتتة على أساس أن التركيب الكلى للجزئ يتركز عند المنطقة الدقيقة (لدرجة أنها تتصرف كأنها مشتت رايلى) :

$$P\theta = I_{obs}(\theta) / I_{Rayleih}(\theta) \quad (30)$$

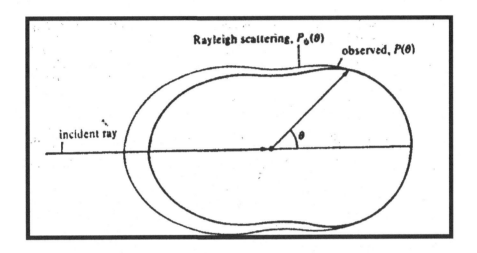

الشكل (13) تشويه شدة الضوء المشتت عندما يقارن الطول الموجى بتغير الجزئ

إذا إعتبرنا أن الجزئ يتكون من تجميع للذرات عند مسافات قدرها R_i من أصل ثابت. فإنه يمكن أن يحدث تداخل بين الموجات المشتتة عن طريق كل زوج من الذرات (الشكل 13). والطراز المشتت الكلى للعينة يمكن حسابه وذلك بأخذ المساهمات الكلية من جميع الإتجاهات المحتملة لكل زوج من الذرات. يمكن إعتبار النموذج المشتت على أنه نموذج تولد عن جزيئات كبيرة تعمل كأنها شبكة حيود، وهذا الوصف يتشابه مع الحسابات التى سبق أن قدرت عند شرح التشتت الإلكترونى، ماعدا بعض النقاط التفصيلية يتصرف الجزئ فى تشتت

الضوء مثل التشتت الإلكتروني. وعليه فإنه يتوقع أن $P(\theta)$ لها نفس شكل القيمة مثل معادلة ويرل فإذا كان هناك عدد من الذرات قدره (N) فى الجزئ الكبير وبالتقريب حيث أن كل واحدة من هذه الذرات لها نفس قوة التناثر (التبعثر) وبذلك نحصل على العلاقة التالية :

$$P(\theta) \quad = (1/N)^2 \sum_{i=1}^{N} \sum_{j=1}^{N} \sin (sR_{ij})/sR_{ij} \qquad (31)$$

$$s \quad = 4\pi / \lambda \sin \frac{1}{2} \theta$$

بالمقارنة R_{ij} هى المسافة بين ذرة i وذرة j ، λ هى الطول الموجى للضوء. والتعبير ببساطة هو $p(\theta)$ $I_{Rayleigh}$ حيث تقدر: $I_{Rayleigh}$ بالمعادلة (27) .

هناك تحويران بسيطان للمعادلة الأخيرة ففى المقام الأول نفرض أن أبعاد الجزئ أصغر كثيرا من الطول الموجى للضوء وبالتالى يكون حاصل ضرب sR_{ij} أقل كثيرا من الواحد الصحيح (ذلك لأن s تتناسب مع $1/\lambda$) . تمتد دالة $\sin (sR_{ij})$ كما يلى $sR_{ij}+...$ ويبقى المقطع الأول فى التقريب الحالى. لـــــذا :

$$P(\theta) \approx (1/N)^2 \sum_{i=1}^{N} \sum_{j=1}^{N} (sR_{ij}) / sR_{ij} = (1/N)^2 \sum_{i=1}^{N} \sum_{j=1}^{N} = 1$$

وبمعنى آخر فإن تشتت رايلى الناتج عندما تكون أبعاد الجزئ أصغر كثيرا من الطول الموجى للضوء هو :

$$I_{obs} (\theta) = I_{Ray leigh} (\theta)$$

وذلك عندما $P(\theta) = 1$

والآن نعتبر شكل التشتت عندما يكون حجم الجزئ ما زال أقل كثيرا من الطول الموجى للضوء ولكنه ليس متناهيا فى الصغر. بمعنى أن sR_{ij} لاتزال أقل كثيرا من الواحد الصحيح ولكنه يكون كبيرا بما فيه الكفاية لدرجة أن المقطع الثانى فى القيمـــة :

$$\sin(sR_{ij}) = sR_{ij} - \frac{1}{6}(sR_{ij})^3 + \ldots..$$

يكون له معنى. حيث أن λ=500nm ، $sR_{ij} \approx 0.1$
وذلك عندما يكون حجم الجزئ تقريبا حوالى 50nm . وفى هذه الحالة يمكن التعبير عن $P(\theta)$ بالتالى :

$$P(\theta) \approx (1/N)^2 \sum_{i=1}^{N} \sum_{j=1}^{N} \{1 - \frac{1}{6}(sR_{ij})^2\} = 1 - \frac{1}{6}(s/N)^2 \sum_{i,j} R_{ij}^2$$

مجموع مربعات الإنفصالات للذرات هى مربع متوسط نصف قطر الحركة التدويمية R_g للجزئ. التعبير الصحيح لذلك هو :

$$R_g^2 = (1/2N^2) \sum_{i=1}^{N} \sum_{j=1}^{N} R_{ij}^2 \qquad (32)$$

ففى المسألة السابقة يشبه هذا التعريف تعريفا آخر ويمكن ببساطه تخيله وذلك فى سلسلة من الذرات أو مجموعات من كتل متساوية. نصف قطر الحركة التدويمية هى الجذر التربيعى لمتوسط مربع المسافة للذرات من مركز الكتلة وعليه:

$$P(\theta) \approx 1 - \frac{1}{3} s^2 R_g^2 = 1 - (16\pi^2/3\lambda^2)\, R_g^2 \sin^2 \frac{1}{2}\theta \qquad (33)$$

توضح المعادلة الأخيرة أنه بتحليل إنحراف شدة الحيود وذلك من شكل رايلى $1+\cos^2\theta$ الذى يؤدى إلى قيمة نصف قطر الحركة التدويمية للجزئ فى المحلول. وذلك يمكن تفسيره بصورة مقاطع لأبعاد الجزئ إذا عرف شكله. فعلى سبيل المثال إذا كان الجزئ كروى الشكل يرتبط نصف القطر التدويمى R_g له بنصف قطره (R) بالعلاقة التالية:

$$R_g = (3/5)^{\frac{1}{2}} R$$

بينما إذا كان طويلا يأخذ شكل العصا الرفيعة فإن طوله L يرتبط بالقيمة R_g بالعلاقة التالية :

$$R_g = L/ \sqrt[2]{3}$$

ومرة أخرى يمكن أن يقام التحليل على قراءات مأخوذة بإمتداد سرعات التشتت إلى
التركيز صفر. والحقيقة القائلة بأن كلا من θ والتركيز متغيران تـؤدى إلى طريقـة تمـدد
مخصوصة تعرف بإسم رسمة زيم Zimm plot. بعض القيم مدونة فى الجدول (11)

الجدول (11) نصف قطر الحركة التدويمية لبعض الجزيئات الكبيرة

	R.M.M.	R_g/nm
مصل زلال البيض Serum albumin	66000	2.98
الميوسين Myosin	495000	46.8
بولى ستايرين Polystyrene	3.2 x 10^6	49.4(in poor solvent)
د ن أ DNA	4 x 10^6	117.0
فيروس التوباكو Tobacco mosaic virus	39 x 10^6	92.4

والمثال على إنبعاج الشدة التى يسببه حجم الجزئ موضـح فى الشـكل (10) وأمكـن
حساب هذا الإنبعاج على أساس نصف قطر الحركة التدويمية للجزئ على أنها 30 nm
وأن الطول الموجى هو 500 nm.

ويتبين شكل توزيع الشدة بحساب $P(\theta)$ $(1 + \cos^2 \theta)$
وقد أدى تطوير الليزر إلى المزيد من التوضيحات فى تطبيق وتفسير التشتت الضوئى
فى محاليل الجزيئات الضخمة. الإنحراف الواضح فى التقريـر ناحية إستجلاء إعتمـاد
الأوضـاع والإتجاهـات علـى الـزمن. السـلوك الزمنـى للجزيئـات يمكن دراسـته بمراقبـة
الإنحرافات فى التردد الذى يحدث عندما يتشتت ضوء ذات طول موجى معين وذلك من
الجزيئات المتحركة. والتقنية العامة لهذا تسمى التشتت الضوئى الـدينامِيكى. يستخدم
التشتت الضوئى فى التقدير المباشر لخواص الإنتشار للجزيئات الضخمة. وهذا يعطى
طريقة سريعة ومباشرة لقياس معامل الإنتشار.
i- الرنين المغناطيسى :
إستخدمت فى السنوات الحديثة تقنيات e.s.r. ، n.m.r. بنجاح كبير لتقـدير تركيـب
الجزيئات الضخمة البيولوجية فى المحلول وفى هذه

الحالة يمكن تقدير الشكل العام للجزيئات بجانب أوضاع ذراتها والظواهر الحركية لها. وحيث أن الجزيئات البيولوجية تعمل فى ظروف بيئية مختلفة (على سبيل المثال تحت ظروف متغيرة من الرقم الهيدروجينى) فإنه أمكن من خلال الرنين المغناطيسى- تفسير الإستجابات للأشكال. والقراءات الأساسية من طيف الرنين المغناطيسى توضح أوضاع وأشكال الخط. أوضاع خطوط طيف .n.m.r تعتمد على المجالات المغناطيسية المحلية وذلك عند بروتونات أو أنوية ذرة الكربون (13) (ومغناطيسية الأنوية الأخرى). وهذه الحالات أمكن تحويرها عندما كانت هناك مصادر أوسع للمجالات المغناطيسية، وذلك الذى يحدث عند وجود أيونات فلزات إنتقالية موجودة فى الجزئ. وتبدى الأنوية التى تعمل رنينا مجالا مغناطيسيا إضافيا بجانب ذلك المجال المطبق خارجيا وترتبط قوته بالمسافة بالعلاقة ($1/R^3$) ويمكن تقدير المسافات بين الأنوية وذلك من الأيونات المدروسة. وأحد الصعوبات التى نواجهها هو أنه فى الجزيئات التى تدور يعطى الإنحراف المسافة وليس الإتجاه ولكن يمكن حل هذه المشكلة وذلك بوضع الأيون فى أماكن مختلفة ورسم شكل ثلاثى الأبعاد للأوضاع وذلك من خلال تجارب مختلفة.

تقع أدلة الإنحراف فى عدة أنواع. التقنية المتطورة تستخدم أيونات اللانثانيد ولكن ليس من الضرورى إستخدام أصناف بارامغناطيسية وذلك لأن المجال الخارجى المستخدم يمكن أن يستحث عزوم مغناطيسية فى مجموعات أروماتية متصلة بالجزئ. وهذه يمكن أن تكون مصادر للمجال المغناطيسى. ومن ضمن الصعوبات مشكلة معرفة موقع الأيون أو المجموعة الفعالة كمصدر لمجال الحيود ولكن ذلك يمكن التغلب عليه بأخذ فكرة مبدئية عن تركيب الجزئ (من الدراسة بالأشعة السينية على العينة الصلبة). والمشكلة الثانية هى معرفة الإستبدال كصورة من التركيب الهندسى أو إلكترونى.

التمدد هى خاصية أخرى لخط الرنين المغناطيسى. ويرتبط التمدد فى الخط بزمن الإستراحة، وتقيس التقنيات الحديثة زمن الإسترخاء مباشرة. ويعتمد زمن الإسترخاء على كل من قوة المجال المغناطيسى المسبب للإسترخاء وعلى السرعة التى يتحرك بها الجزئ فى المحلول. كفاءة الإسترخاء لثنائى القطبية المغناطيسى المتصلة بالجزئ تعتمد على المسافة وذلك من العلاقة $1/R^6$. وبدراسة أزمنة الإسترخاء للأنوية المترددة فى وجود مجموعات بديلة بارامغناطيسية فإن إنفصالها يمكن أن يتضح كما فى حالة الفحوصات الدقيقة للإنحراف. فإذا كان ذلك لمجموعة من مواقع التعويض فإنه يمكن شرح شبكة الإنفصالات على إعتبار أنها خريطة ثلاثية الأبعاد لمواقع الأنوية. فإذا أخذنا فى الإعتبار لانثانيدات مرتبطة، أحدها يعطى فحص إنحراف مثلا Eu(III) والآخر فحصا متسعا مثلا Gd(III) والتى يفترض أنها مرتبطة بنفس المواقع، حيث أن الأولى ترتبط بالعلاقة $1/R^3$ ، والثانية بالعلاقة $1/R^6$. ويمكن حينئذ الحصول على أنوية مغناطيسية.

يمكن فحص المركز البارامغناطيسى وتأثيره على الأنوية المحيطة به وذلك بأزمنة الإسترخاء لعزل الإلكترون. وبالتالى فإن عروض خطوط الطيف تعتمد على سرعة الدوران للجزئ. وحيث أن ذلك ليس دورانا حرا فى المحلول فإنها تبدو وكأنها تدهورا فى الجزئ، يتضح حجم الجزئ الكبير من إتساع خط طيف الإسترخاء لغزل الإلكترون .e.s.r. إذا كان الجزئ يدور مثل كرة نصف قطرها (a) فى وسط لزوجته η وبالتالى فإن الوقت اللازم لتدهوره τ_{rot} خلال واحد راد (57°) يعطى بالعلاقة التالية:

$$\tau_{rot} = 4\pi a^3 \eta / 3 kT$$

فعلى سبيل المثال لكرة نصف قطرها 2 نانوميتر فى الماء عند درجة حرارة الغرفة يكون τ_{rot} لها هو 8 ns. تقنية الـ .e.s.r تكون حساسة لعمليات على هذا المقياس الزمنى .

من الممكن أيضا تحديد الشكل العام للجزئ الذى يحمل مركزا بارامغناطيسيا عندما يكون هذا المركز هو نيتروكسيد $R(NO)R^-$ فإنها تسمى الجزيئات المعلَّمة بالغزل. وذلك لأن الجزئ فى هذه الحالة يمكن أن يدور بسرعة أكثر حول محوره عن باقى الجزيئات. هذا الدوران المتباين الخواص يمكن إستدراكه من شكل طيف e.s.r. للأصناف المعلَّمة بالغزل ويمكن تفسيره على ضوء الشكل الهندسى للصنف. وبنفس التقنية يمكن تحديد مرونة المجموعات من خلال الجزئ الكبير. بعض المجموعات لموجاتها أن تدور بحرية بينما الآخرين يكونون الآخرون مقيدون فى صورة جامدة وذلك للتداخل الفراغى. العلامات الغزلية تجعل من الممكن تقدير حجم وشكل الجزئ بالكامل وأيضا مرونة تركيبه.

(1) i- التكيف والشكل العام Conformation and configuration:

فى هذا الجزء نقوم بفحص بعض العوامل التى تؤثر فى الأشكال التى تبنى عليها الجزيئت الضخمة. ومن المناسب تقسيم هذه الأشكال إلى التراكيب الأولى والثانوى وهلم جرا..

التركيب الأولى يعنى به التتابع فى المكونات الكيميائية التى تكون السلسلة. ففى البوليمرات المخلقة تكون كل الفواصل الكيميائية متشابهة ويكون كافيا تسمية المونومر الموجود فى المركب.

فعلى سبيل المثال يكون التركيب الأولى للبولى إيثيلين هو وحدة $-CH_2\ CH_2-$ والتركيب الكيميائى كسلسلة يمكن التعبير عنها كما يلى $-(CH_2CH_2)_n-$. مشتقات البولى إيثيلين يكون تركيبها الأولى هو $-(CH_2CHR)_n-$ فى حالة البولى ستايرين فإن R (R=phenyl) تساوى مجموعة الفينيل. ظاهرة التركيب الأولى يمكن أن تكون ذات جدوى فى حالة الجزيئات الضخمة البيولوجية وذلك لأن هذه

المركبات فى الغالب تكوِّن سلاسل لجزيئات مختلفة. البروتينات هى بولى ببتيدات والإسم الذى يوضح السلسلة يتكون من أعداد لمختلف الأحماض الأمينية (حوالى عشرين حمض أمينى موجود فى الطبيعة).

وترتبط الأحماض الأمينية مع بعضها برابطة الببتيد ‎-CO-NH-‎ ويعتبر تحديد التركيب الأولى من المشاكل الصعبة فى التحليل الكيميائى. ولحسن الحظ فإن البروتينات عبارة عن سلاسل طويلة من الأحماض الأمينية وبالتالى فإن مشكلة التتابع (تقدير ترتيب الأحماض الأمينية فى السلسلة) ليست مشكلة معقدة وخاصة فى الحالات التى فيها تتواجد شبكات ثنائية أو ثلاثية الأبعاد.

الطبيعية الخطية ترتبط بالحقيقة القائلة بأن التخليق البيولوجى للجزيئات الطبيعية تكون محكومة بالـ DNA والتى نفسها تعتبر جزيئات متتابعة خطية.

التركيب الثانوى للجزيئات الضخمة يعود غالبا إلى ترتيبا فراغيا والمميز لوحدات التركيب الأساسية. التركيب الثانوى للجزئ المنفصل فى البولى إيثيلين يكون ملفا عشوائيا، بينما فى البروتين فيكون الترتيب عاليا فى نظامه متحددا فى الغالب بالروابط الهيدروجينية وتأخذ أشكال اللولب الحلزونى أو اللوح المنبسط فى عقد الجزئ.

سنقوم بدراسة التركيبين فيما بعد. فعندما تتحطم الروابط الهيدروجينية فى البروتين (على سبيل المثال بالتسخين مثل الذى يحدث عند تسخين البيض) فإن التركيب يفقد طبيعته ويتحول إلى ملف عشوائى. الفرق بين التراكيب الأولية والثانوية يرتبط بالفرق بين الشكل العام والتطابق فى السلسلة. يرجع الشكل العام إلى مظاهر التركيب الذى يمكن أن يتغير فقط بتكسير الروابط وتكوين روابط جديدة. فالسلسلة ‎-A-B-C-‎ لها شكل عام يختلف عن السلسلة ‎-A-C-B-‎. التطابق أو التكيف معناه التركيب الفراغى للأجزاء المختلفة

وبالتالى يمكن أن ينتقل تطابق السلسلة إلى آخر وذلك بدوران أحد أجزاء السلسلة حول الرابطة التى تصلها بالآخر. تغيير طبيعة البروتين هو تغير تكيفى وليس تشاكلى. التركيب الثانوى للبوليمر مثل البولى إيثيلين متغير لأن التكيف يمكن أن يتغير إلى آخر كنتيجة للحركات الحرارية فى السلسلة نفسها أو كنتيجة للتداخل مع الوسط المحيط مثل المذيب الذى يذوب فيه البوليمر. وبالمقارنة فإن التكيف أو التطابق الذى يعطيه البروتين يستقر أو يثبت بالروابط الهيدروجينية ويعتبر التركيب الثانوى ظاهرة حيوية للوظيفة البيولوجية. التركيب الثالثى للبروتين يعود إلى التركيب ثلاثى الأبعاد الكلى للجزئ. فعلى سبيل المثال يوجد كثير من البروتينات لها تركيب حلزونى كتركيب ثانوى ولكن فى كثير من هذه الأشكال الحلزونية هناك ثنيات فى كثير من المواضع وبالتالى يكون الناتج هو بروتين كروى فالترتيب المكبب والذى يبدو حلزون منثنى هو تركيب ثالثى للبروتين. التركيب الرابعى يعود إلى الطريقة التى تتكون بها بعض الجزيئات وذلك بالجمع بين السلاسل البسيطة إلى تركيب أكثر تعقيدا. المثال المشهور على ذلك هو الهيموجلوبين. يتكون من أربع تحت وحدات لنوعين مختلفين. ويرمز لها بسلاسل • ، • وهى مرتبطة بقوة بالميوجلوبين.

(2) i- الملفات ، الحلزونات ، الشرائح المنبسطة:

عند دراسة المظاهر المختلفة فى تركيبات الجزيئات الضخمة فلنأخذ فى الإعتبار التعبير الكيفى للسلسلة لوحدات متشابهة والتى لا تكون روابط هيدروجينة أو أى شكل آخر من أشكال الروابط. والمثال المعروف هو بولى الإيثيلين ولكن الخلاصة النهائية يمكن أن تنطبق على البروتينات اللاطبيعية. سوف نهدف إلى دراسة الحجم لمركب على هيئة ملف حلزونى، لأن هذه الخاصية يمكن تقديرها عمليا وتحدد بعض الخواص مثل التغير فى التركيب.

والنموذج البسيط لبوليمر مكون من سلسلة من ملف عشوائى هـو السلسـلة المتصـلة بفواصـل حرة. حيث أن كل رابطة حرة فى تكوين زاوية بالنسبة لسابقتها شكل (14a) وهـذا تبسيط كبير، وذلك لأن الرابطة هى فى الحقيقة تنزع إلى قمع من الزوايا حول إتجاه الأخرى. شكل (14b).

وبالتالى نرى أن النموذج المقترح يكيف نفسه إلى الحالة الحقيقية. والنقطة الهامة التـى نلاحظها هى الشبيه أو النظير الحقيقى للمشكلة الأساسية للسير العشوائى ثلاثى الأبعاد. تمثل كل رابطة خطوة فى إتجاه عشوائى. وللغرض الحالى يكون كل ما نحتاجه هو النتيجة المركزية الخاصة بإحتمالية نهايات السلاسل (المسافة النهائية التى يقطعهـا السـائر بعشـوائية) وهـى تقع فى المدى من r إلى (r + dr) وهى عبارة عن f(r) dr والمبينة فى المعادلة التالية:

$$F\,(r) = (a\,/\pi^{\frac{1}{2}})^3\, 4\pi r^2 \exp\,(-a^2r^2),\ a^2 = 3/2\, N\ell^2 \qquad (34)$$

حيث أن N هى عـدد الـروابط (عـدد الخطـوات)، ℓ هـى طـول الرابطـة (طـول كـل خطوة). من الواضح أنـه فى المعادلـة الأخـيرة نجـد فى بعـض الملفـات أن النهايـات تنفصـل بمسافات كبيرة بينما فى البعض الأخر يكون الإنفصال صغيرا. ويعطى هذا التغيير نسـبة كـل نوع.

وفى تفسير آخر نأخذ فى الإعتبار كل ملف يتحول تدريجيا من كيفية إلى أخرى وعليه فإن f(r) dr هى الإحتماليـة القائلـة بأنـه عند كل لحظـة يتواجـد المركـب بنهايتـه التـى تقع فى المدة من r و (r + dr)

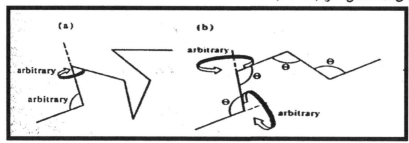

الشكل (14a)، الشكل (14b)

(a) سلسلة حرة الفواصل ، (b) سلسلة محكومة بزاوية تكافؤ ثابتة θ

نحتاج لبعض القياسات لمتوسط الفصل لنهايات الملفات العشوائية، الجذر التربيعى لمتوسط مربع الفصل لنهايات للسلسلة R_{rms} هى إحدى هذه القياسات. ويمكن حسابها بأخذ متوسط الفصل (R) على طول قيمها الممكنة تبعا لتعبيرات الإحتمالية [المعادلة (34)].

$$R_{rms} = \left\{ \int_0^\infty R^2 f(R) dR \right\}^{\frac{1}{2}} = N^{\frac{1}{2}} \ell \qquad (35)$$

وهناك قياس آخر لكتلة الجزئ وهو نصف قطر الحركة التدويمية. وهذا يمكن حسابه أيضا بالإعتماد على المعادلة (34) بالنتيجة التالية:

$$R_g = N^{1/2} \ell / \sqrt{6} \qquad (36)$$

والخاصية الأساسية لهذه النتائج هى إعتمادها على N. كلما زاد عدد وحدات المونومر يزداد حجم الملف العشوائى على صورة $N^{1/2}$ (وحجمه على الصورة $N^{3/2}$).

مثـــــال

إحسب متوسط الفصل والجذر التربيعى لمتوسط الفصل للنهايات فى بوليمر على هيئة سلسلة ذو وصلات حرة تحتوى على عدد من الروابط قدرها N بطول قدره ℓ.

الطريقة: بإستخدام المعادلة (34) فى التعبير التالى :

$$\langle r^n \rangle = \int_0^\infty r^n \, f(r) \, dr$$

وذلك لمتوسط قيمة r^n . ثم إحسب $\langle r \rangle$ ، $\sqrt{\langle r^2 \rangle}$

الحــــــل

$$\langle r^n \rangle = (a / \pi^{1/2})^3 \, 4\pi \int_0^\infty r^{2+n} \exp(-a^2 r^2) \, dr.$$

إستخدم العلاقة التاليــة :

$$\int_0^\infty r^3 \exp(-a^2 r^2)\, dr = \frac{1}{2} a^4 \; ; \int_0^\infty r^4 \exp(-a^2 r^2)\, dr = 3\pi^{1/2} / 8a^5$$

لحســـاب :

$$\langle r \rangle = 2/a\, \pi^{1/2} = (8/3\, \pi)^{1/2} N^{1/2} \ell$$

$$\langle r^2 \rangle = 3/2\, a^2 = N\ell^2$$ أو $$\sqrt{\langle r^2 \rangle} = N^{1/2} \ell$$

التعليـق: عندما تكون السلسلة ليست ذات فواصل حـرة، هــذه النتـائج تضرب فى معامل. قبل الإستفادة من هذه الخلاصات مطلوب إزالة الأمور المنافيـة للمنطـق والتـى تسمح للروابط: أن تعمـل زوايـا مـع بعضـها الـبعض. وهـذا يكـون سـهل جـدا فى حالـة السلاسل الطويلة حيث أنه من الممكن إعتبار مجموعات من الـروابط المتجـاورة ويمكـن أيضا توقع إتجاهاتها. وعلى الرغم من أن الروابط المنفـردة تكـون مجـبرة عـلى كونهـا فى قمع بزاوية Θ، فإن العديد منها نتائجها يقع فى إتجاه عشوائى. بالتركيز على المجموعـات بدلا من تلك المنفردة فإنه يحدث تحول إلا أن النتائج النهائية تكون هى نفسها كما هــو الحـــال فى المعـــادلات (35 ، 36) ولكـــن يوجـــد معامـــل آخـــر هـــو $\{(1-\cos\theta/(1+\cos\theta)\}^{1/2}$ بالضرب فى كل منهم. وفى حالة الروابط رباعية الأوجـه حيث تكون الزاوية θ هى 109.5^o يكون هذا المعامل هـو $2^{1/2}$ ولهـذه الـروابط نحصـل على :

$$R_{rms} = 2^{1/2} N^{1/2} \ell, R_g = N^{1/2} \ell / 3^{1/2} \qquad (37)$$

بأخذ (سلسلة البولى إيثيلين) كمثال لها :

$M_r = 56000$ ، $N = 4000$

وحيث أن : ℓ=154 pm وذلك للرابطة C – C نجد أن :

$R_{rms} = 4.4$ nm , $R_g = 1.78$ nm

هذا الجزئ واضح فى الرسم (15)

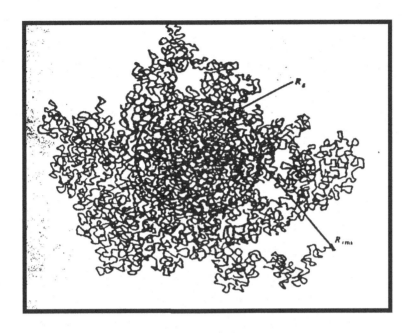

R_{rms}

الشكل (15) شكل (ملف عشوائى)

نموذج الجزئ الذى يكون على شكل ملف عشوائى يكون تقريبيا حتى بعد أن تحل المشكلة خلال التقييد على الزاوية. وذلك بسبب عدم إمكانية إحتلال ذرتان لنفس المكان. وهذا التحاشى الذاتى يميل إلى ان يجعل الملف منتفخا وبالتالى فإنه من المفضل إعتبار كلا من R_{rms} ، R_g كحدود دنيا للقيم الحقيقية وهناك أبعد من ذلك هو أن النموذج يهمل تماما دور المذيب.

المذيب الفقير يسبب إنعقاد الملف لدرجة أن تماس الجزئ الكبير مع المذيب يكون فى أدنى درجاته. بينما يعمل المذيب الجيد عكس ذلك.

الملف العشوائى هو أقل شكل تركيب لسلسلة البوليمر. وبالتالى فهى تقابل أقصى- حالة لأنتروبى التشكل. أى إمتداد للملف يقدم نظاما وبالتالى يقابل نقصان فى الأنتروبى. وعلى العكس من ذلك يكون ملف عشوائى من الشكل الأكثر إمتدادا هى عملية طبيعية وتلقائية. (مساهمات الإنثالبى لا تتداخل معها). مرونة المطاط الكامل (التى فيها

الطاقة الذاتية لا تعتمد على التمدد) الملف العشوائى يعتبر نقطة بداية هامة وفعالة لشرح رتبة القيمة للخواص الهيدروديناميكية للبوليمرات وكذا تعتبر طبيعة الجزيئات الضخمة فى المحلول والحالة القصوى الأخرى للتركيب هى إعتبار أن التركيب الطبيعى للجزيئات الضخمة مثل البروتينات والـ (DNA). الجزيئات الضخمة الطبيعية تحتاج إلى تراكيب مستقرة ومختصرة وإلا فإنها لا تستطيع أن تقوم بعملها.

وهذه هى المشكلة الكبرى فى تخليق البروتين، وذلك على الرغم من إمكانية تحقيق التركيب الأولى. ويكون الناتج غير نشيط (فعال) وذلك لأن التركيب الثانوى لا يزال غامضا.

(3) i- الخصائص الأساسية للتراكيب الثانوية للبروتينات :

يمكن تلخيصها فى مجموعة القواعد التى وصفها كلا من بولينج وكورى. والخاصية الأساسية هى إستقرار تركيب الروابط الهيدروجينية بدءا من رابطة الببتيد. وهذه الرابطة يمكن أن تقوم بعمليتان وهما : إما معطية لذرة الهيدروجين (وهذه هى NH فى الرابطة) أو تعمل كمستقبلة (وهذا يمثل الجزء CO). توضح النقاط كالتالى:

(a) الذرات فى الرابطة الببتيدية تقع فى نفس المستوى (الشكل 16).

(b) ذرات النيتروجين والهيدروجين والأكسوجين فى الرابطة الهيدروجينية تقع فى خط مستقيم (إزاحة ذرة الهيدروجين المحملة وذلك بزاوية لا تزيد عن 30° من إتجاه N–O).

(c) تستغل فى الرابطة كل مجموعة (NH) وكل مجموعة (CO).

ودلالات هذه النقاط هى إمكانية وجود تطابقين (تكييفين): إحداهما تتكون فيه الروابط الهيدروجينية بين الروابط الببتيدية لنفس السلسلة وهى عبارة عن اللولب أوالحلزون المسمى بألفا (α–helix) والآخر ترتبط الروابط الهيدروجينية فى السلاسل البولى ببتيد المختلفة وهو عبارة عن لوح مطوى يرمز له بالرمز β بيتا (β–pleated sheet)

وهى عبارة عن التركيب الثانوى لليفة البروتينية وهى مكون الحرير........

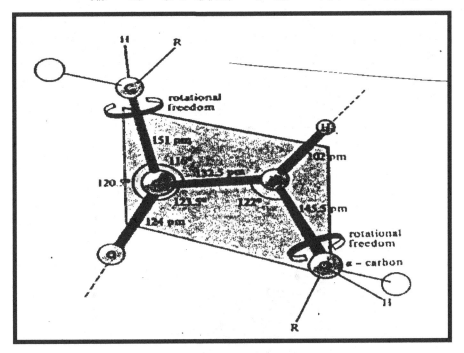

شكل (16) أبعاد الرابطة الببتيدية

يوضح اللولب ألفا فى الشكل (17) ويحتوى كل منحنى من اللولب على 3.6 جزئ من الحمض الأمينى. وبالتالى تعادل مسافة مدة اللولب. (5) تحويلات أو (18) جزء. يصل طول التحويلة الواحدة إلى (544 pm) أو (5.44A°) وتقع الروابط (N-H...O) موازية للمحور وتصل كل أربع مجموعات لدرجة أن المتبقى منفصل بزوائد (i-4) ، (i+4). هناك حرية للولب لكى يرتب إما أن يدور مسمار ملولب ناحية اليمين أو إلى ناحية اليسار ولكن الغالبية العظمى من البولى ببتيدات الطبيعية تمثل مسمار ملولب ناحية اليمين وذلك لزيادة الشكل (L) فى الأحماض الأمينية الطبيعية وللثبات الثرموديناميكى للولب ذو الدوران ناحية اليمين ولازال سبب ذلك غير معروف حتى الآن.

وتنطوى السلاسل البولى ببتيدية اللولبية فى التركيب الثالثى، وذلك إذا تواجدت مؤثرات ربط بين الأجزاء المتبقية من السلسلة والتى تكون من القوة بحيث تتغلب على الروابط الهيدروجينية المسئولة عن التركيب الثانوى وتتضمن الإنطواءات التأثيرية الرابطة ثنائية الكبريت (–S–S–)، والتداخلات الأيونية (التى تعتمد على الرقم الهيدروجينى للوسط المحيط)، وكذا الروابط الهيدروجينية القوية مثل (⁻O–H...O).

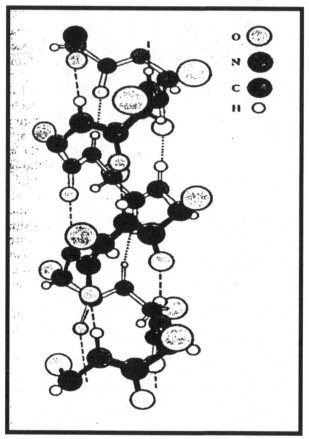

الشكل (17) أيفا إهليجى (حلزون)

وهذه يوضحها تركيب الميوجلوبين. يقدر التركيب الكلى للجزئ عن طريق حيود الأشعة السينية وتقع كل 2600 ذرة فى مكان معين. الإنطواء الناتج عن الروابط ثنائية الكبريت بين مختلف الأجزاء الخاصة

باللولب الأساسى $^{(\alpha)}$ يمكن تمييزه. فى الشكل (18) حوالى 77% من التركيب يكون اللولب • والباقى يوجد فى الإلتواءات.

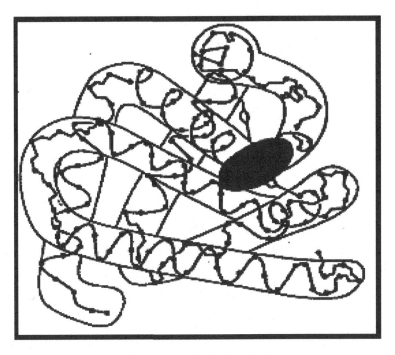

الشكل (18) تركيب الميوجلوبين

البروتينات التى لها M_r تزيد عـن حـوالى 500000 توجـد عـلى هيئـة تجمعـات مـن سلسلتين بولى ببتيدية أو أكثر. وإمكانية هـذا التركيـب الرابعى يحـدث خلطـا فى تقـدير كتلها المولارية (حيث أن التقنيـات المختلفـة يمكـن أن تعطـى قيمـا تختلـف فيما بينهـا بالمعامل 2 أو أكثر). المثال هو الهيموجلوبين الذى يكون له أربع سلاسل.

تحويل الصفات الطبيعية للبروتين يمكن أن يحدث بطرق مختلفـة وتتأثر بالتـالى الظواهر المختلفة لتركيباتها. التموج المستمر للشعر على سبيل المثال يمكـن تمييـزه عـلى المستوى الرابعى. والبروتين المكون للشعـر هـو عبـارة عـن شكل مـن أشكال الكيراتين وتركيبها الرابعى يعتقد أنه للولب متعدد. حيث أن اللوالب $^{(\alpha)}$ ترتبط مـع بعضـها بروابط ثنائية

الكبريت وروابط هيدروجينية. وعلى الرغم من وجود بعض النوازع حـول التركيـب الحقيقى فإن الخاصية الحاسمة للمناقشات الحالية هى تواجد الروابط. وتتضمن عملية التموج المستمر تحطيمهم وكذلك حل التركيب الرابعى للكيراتين، ثم إعـادة تكوينـه إلى طراز أكثر تنسيقا. المداومة غالبا تكون مؤقتة. لأن تركيب الشعر النـاتج حـديثا يكون محكوما بالمعلومات الجينية وفى الواقع ينمو الشعر العـادى بمعـدل يتطلـب على الأقل (10) لفات من لولب الكيراتين تنتج كل ثانية. تحويل الصفـات الطبيعيـة على المستوى الثانوى يمكن حصوله بأدلة أو مواد تحطم الروابط الهيدروجينية.

ويمكن أن تكفى الحركة الحرارية والتى ينظر عندها على تحويل الصفات الطبيعيـة على أنه إنصهار بين جزيئى. وعنـد طهـى البـيض تتحول الصـفات الطبيعيـة للألبيومين بطريقة غير عكسية.

ويتحول البروتين لتركيب يشبه اللولب العشوائى. ويكـون إنتقـال اللولب أوالحلـزون إلى الملف قاطعا. مثل الإنصهار العادى.

وهذه لأن العملية تكون تعاونية فعندما تنكسر إحدى الروابط الهيدروجينية فإنه من السهل كسر جيرانها وبالتالى يكون من الأسهل كسرـ جيـران جيرانها وهكـذا. ويكـون التحطيم تعاقبى على طول اللولب. ويتم الإنتقال بحدة ويمكن تحويل الصفات الطبيعية كيميائيا. فعلى سبيل المثال إذا كون فإن المذيب رابطة هيدروجينية أقوى من تلـك التـى هى فى اللولب فإنها سوف تنافس بنجاح مجموعات NH، CO للروابط.

يمكـن تحويـل الصـفات الطبيعيـة فى الأحمـاض كنتيجـة لإنتقـال البروتونـات، أو فى القواعد كنتيجة لنزع البروتونات لمختلف المجموعات الفعالة.

(4) i- الغروانيات Colloids (المحاليل الغروية) :

الغروانيات هى تشتيتات لدقائق صغيرة لأحد المواد فى مادة أخرى، والصغيرة تعنى وتصل إلى أقل من 500 نانومتر فى القطر (حوالى تقريبا طول موجة الضوء). وهى فى العموم تجمعات للعديد من الذرات أو الجزيئات ولكنها فى الغالب صغيرة لدرجة يمكن معها رؤيتها بالميكروسكوب البصرى. وهذه الدقائق تمر خلال معظم أوراق الترشيح. ولكنها يمكن إستدراكها بالبعثرة الضوئية، الترسب، الأسموزية. والإسم الذى يعطى للغروانى يعتمد على طبيعة كل من الصنف المنتشر ووسط الإنتشار.

الصول عبارة عن تشتيتات للمواد الصلبة فى السوائل (مثل تجمعات من ذرات الذهب فى الماء)، أو صلب فى صلب (مثل الزجاج الياقوتى الذى هو عبارة عن ذهب فى صول الزجاج) ويكتسب لونه بالتبريد والإنتشار.

الأيروصولات هى عبارة عن تشتيتات من السوائل فى الغازات (مثل الضباب والعديد من الرشاشات) والمواد الصلبة فى الغازات (مثل الدخان) وتكون الدقائق من الكبر بحيث ترى تحت الميكروسكوب.

المستحلبات هى عبارة عن دقائق من السوائل منتشرة فى السوائل (مثل اللبن) وفى بعض الأحيان الرغاوى وهى عبارة عن دقائق من غازات فى السوائل (مثل البيرة)، أو غازات فى مواد صلبة (مثل الحجر الخفاف) والتقسيم الثانوى للغروانيات هو إلى ليوفيلك (محب للمذيب) وليوفوبيك (كاره للمذيب). وعندما يكون المذيب هو الماء تسمى هيدروفيلك وهيدروفوبيك بالترتيب، الغروانيات الليوفوبية تشتمل عادة على صولات المعادن. الغروانيات الليوفيلية عموما تكون لها تشابه كيميائى مع المذيب مثل مجموعات الهيدروكسيل وهكذا. والتى لها قدرة على تكوين روابط هيدروجينية. الجيلات هى كتلة نصف جامدة من الصول الليوفيلى والذى فيه يمتص كل وسط الإنتشار بدقائق الصول.

(5) i **التحضير والتنقية** Preparation and purification :

تحضير الغروانيات من البساطة بحيث يشبه عملية العطس (التى تنتج أيروصول) الطرق المعملية والتجارية للتحضير تستخدم مختلف أنواع التقنية. يمكن للمادة أن تطحن فى وجود وسط الإنتشار (على سبيل المثال المحلول الغروى للكوارتز يحضر بهذه الطريقة). وتستخدم أيضا الطرق الكهربية. وذلك بإمرار تيار عالى خلال خلية إلكتروليتية يمكن أن تؤدى إلى تفتيت القطب إلى دقائق الغروى، وبإستخدام القوس الكهربى بين قطبين من المعدن تحت سطح وسط ثابت يمكن أن تعطى غروى. يمكن تحضير صول من عناصر الأقلاء فى مذيبات عضوية بهذه الطريقة. الترسب الكيميائى فى بعض الأحيان يؤدى إلى تكوين راسب الغروى. وبالمثل يمكن للراسب أن ينتشر بإضافة مادة ثالثة تسمى معامل البتنة. يمكن ليوديد الفضة أن تنتشر إلى معلق غروى بإستخدام البتنة عن طريق إما يوديد البوتاسيوم أو نترات الفضة، يمكن للطفلة أن يحصل لها بتنة بالأقلاء. ويكون أيون الهيدروكسيد OH^- هى المادة الفعالة.

يمكن للمستحلبات أن تحضر- برج المكونات الإثنان معا. يمكن إستخدام مادة إستحلابية وذلك لثبات الغروى. والمادة الإستحلابية إما أن تكون صابون (حمض دهنى طويل السلسلة)، منظف أو صول ليوفيلى له القدرة على تكوين غشاء واقى حول الصنف المنتشر. وفى حالة اللبن الذى هو مستحلب من الدهون فى الماء يكون عامل الإستحلاب هو الكازيين وهو بروتين يحتوى على مجموعات فوسفات. ويعتبر الكازيين ليس ناجحا كعامل إستحلاب بالدرجة المطلوبة لثبات اللبن. ويتضح ذلك من تكوين كريمة على سطح اللبن (القشدة). ويمكن التخلص من هذا بالتأكد من أن المستحلب قد إنتشر وبدقة فى المكان الأول. الرج الشديد بإستخدام الموجات الفوق صوتية يمكن أن يكون فعالا، والناتج هو عبارة عن لبن متجانس. الأيروصولات تتكون عندما يتشتت رشاش

من السائل تحت تأثير فوارة من الغاز. ويمكن المساعدة على الإنتشار وذلك إذا استخدمت شحنة على السائل لأن التنافر الإلكتروستاتيكى تجعل الفوار يتبعثر إلى قطرات متناهية فى الصغر. وتستخدم هذه الطريقة أيضا لتحضير المستحلب. ويمكن أن تستخدم لتحفيز مستحلبات وذلك لأن الوسط السائل يمكن أن يتجنس إلى سائل آخر حيث تتفتت كهربيا.

تنقى الغروانيات غالبا بطريقة الديلزة. والهدف هو إزالة الكثير (وليس كل) المواد الأيونية التى غالبا تكون مصاحبة للغروى أثناء التحضير. كما ورد فى شرح تأثير دونان نختار غشاء يسمح للمذيب والأيونات بالنفاذ ولكن ليس للسواد الأعظم من دقائق الغروى. يستخدم غالبا السيليولوز فى عملية الديلزة البطيئة جدا، ولذلك فإنها تسرع بإستخدام شحنة كهربية. وتسمى التقنية بالديلزة الكهربية.

(6) i- الخواص السطحية للغروانيات وقياس درجة الثبات لها :

الخاصية الهامة للغروانيات هى كبر مساحة سطح الصنف المنتشر مقارنة بنفس الكمية من المادة المدروسة. فعلى سبيل المثال فإن $1cm^3$ من المادة مساحة سطحها هو $6cm^2$. ولكن عندما تنتشر على هيئة مكعبات صغيرة طولها 10 nm فإن مساحة المسطح الكلية للـ 10^{18} مكعبات صغيرة هى $6 \times 10^6 cm^2$. هذه الزيادة الدرامية فى المساحة تعنى أن تأثيرات السطح لها أهمية خاصة فى كيمياء الغروانيات. النقطة الأولى التى يجب ملاحظتها هى أن المحاليل الغروانية غير ثابتة ثرموديناميكا بالمقارنة بالوسط الكلى. وهذا ناجم عن وجود سطح كبير. وسوف نرى أن الشد السطحى يلائمه مساحات سطوح صغيرة ($dG=\gamma d\sigma$) التى هى سالبة بنقصان مساحة السطح، ($d\sigma < o$). الثبات الظاهرى هو ناتج عن حركيات التهور أو الهبوط. الغروانيات ثابتة كيناتيكيا وليس ثروموديناميكيا.

ومنذ الوهلة الأولى حتى الحيثية الحركية تبدو أنها فاشلة وذلك لأن دقائق الغروى تجذب بعضها بعضا لمسافات كبيرة وعليه توجد قوة بعيدة المدى تميل إلى تجميع هذه الدقائق إلى فقاعة واحدة. والسبب وراء هذه العلاقة هى كما يلى: طاقة التداخل بين ذرتين منفردتين أحداهما فى دقيقة الغروى تختلف مع عملية الفصل بالمعامل $1/R_{ij}{}^{6}$ (وهذه هى طاقة فان درفال للتشتيت).

ولكن مجموع كل هذه التداخلات تعطى طاقة التداخل الكلية. وعند تقييم هذا المجموع فإن طاقة التداخل تنخفض فقط عند $1/R^2$. حيث R هو الفصل (المسافة) بين مركزى الدقائق الغروية وهى تعتبر أبعد مدى من $1/R^6$ المميزة للذرات المنفردة والجزيئات الصغيرة. هناك عوامل كثيرة تعمل ضد تداخل التشتيت البعيد المدى. فعلى سبيل المثال هناك غشاء واقى على سطح دقيقة الغروى التى تعطى ثباتا للسطح الفاصل والتى لا يمكن إختراقها عند تلامس الدقيقتان. فعلى سبيل المثال الذرات السطحية لصول البلاتين فى الماء تتفاعل كيميائيا وتتحول إلى $-Pt(OH)_3H_3$. وهذه الطبقة تحيط الدقيقة.

ويمكن للدهن أن يستحلب بالصابون وذلك لأن الطرف الهيدروكربونى الطويل يخترق قطرة الزيت ولكن الـ $-CO_2^-$ مجموعات الرأس (أو المجموعات الهيدروفيلية الأخرى فى المنظفات) تحيط بالسطح وتكون روابط هيدروجينية مع الماء. وإذا أمكن تكون محيط من الشحنة السالبة التى تتنافر مع الهجوم المتوقع من دقائق مشحونة أخرى بنفس الشحنة.

يمكن لجزيئات الصابون أن تتجمع سويا حتى فى غياب قطرات الزيت أو الشحم وذلك لأن ذيولها الهيدروفوبية تميل إلى التجمع أما رؤوسها الهدروفيلية فتكون الحماية السطحية. ويمكن لمئات الجزيئات أن تتجمع بهذه الصورة لتكون الميسيلة شكل (19).

تتكون الميسيلات

فقط فوق تركيز معين للنظام. ويسمى الحد الأدنى تركيز الميسيل الحرج (C.M.C). تتكون هذه الميسيلة فقط إذا زادت درجة الحرارة عن النهاية الصغرى، وهى حرارة كرافت المميزة للنظام.

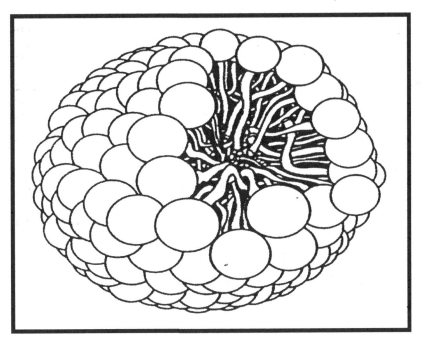

الشكل (18) ميسيلة كروية الشكل

جزيئات المنظفات اللاأيونية فى تجمعات مكونة من 1000 جزئ وأكثر ولكن ربما تتجمع الأصناف الأيونية إلى أن تتحطم بالتنافرات الإلكتروستاتيكية بين مجموعات الرأس. فى الغالب تمتد فى مجموعات تتراوح بين 10 ، 100 جزئ. النظام الميسيلى غالبا ما يكون عديد التشتت وتختلف شكل الميسيلات المنفردة بإختلاف التركيز. فعلى سبيل المثال تكون الميسيلات الكروية فى أغلب الظروف بيضاوية بنسب محورية تزيد عن (1:6) (أى أنها إلى حد ما تكون كرات مفلطحة) وذلك عند تركيزات تقترب من الـ C.M.C. ولكنها تكون على شكل العصا عند تركيزات أعلى. وتشبه الميسيلة من الداخل قطرة

الزيت. وقد أشار الرنين المغناطيسى إلى ان السلاسل الهيدروكربونية تكون متحركة ولكنها تكون أكثر تقيدا عنها فى المقدار فى الكتلة الكلية وتكون للميسيلات دورا هاما فى كل من الصناعة والعمليات البيولوجية على أساس وظيفتها التذويبية. يمكن للمادة أن تنتقل بالماء بعد ذوبانها فى الدواخل الهيدروفوبية. ولهذا السبب فإن الأنظمة الميسيلية تستخدم كمنظفات، حاملات للدواء وللتخليق العضوى، التعويم بالرغوة، وتكرير البترول.

والديناميكا الحرارية لتكوين الميسيلة أوضحت أن إنثالبى التكوين فى الأوساط المائية ربما يكون موجبا (أى أنها عملية ماصة للحرارة). وتتراوح قيمة ΔH_m بين واحد أو إثنين كيلو جول/ مول للمنظف. وحيث أنها تتكون فوق الـ C.M.C. دليلا على أن أنتروبى التكوين يكون موجبا وأن القيم المقاسة أوضحت أن ΔS_m يقع قريبا من 140kj k $^{-1}$ mol $^{-1}$ عند درجة حرارة الغرفة. وحيث أن التغير فى الأنتروبى يكون موجبا حيث أن الجزيئات تتجمع فى مجموعات دليلا على كون المساهمات من المذيب حيث أنها يمكن أن تتحرك بحرية بمجرد أن يتجمع المنظف فى مجموعات عنقودية.

بغض النظر عن الثبات الفيزيائى لدقائق الغروى فإن المصدر الأساسى للثبات الكيناتيكى هو تواجد شحنة كهربية على سطوحها. ولوجود هذه الشحنة، فإن الأيونات المختلفة الشحنة تميل إلى التجمع قريبا من بعضها البعض. ويتكون بذلك وسط أيونى كما هو الحال فى الأيونات العادية. ويمكن أن نميز منطقتين من الشحنات:

أولها: هناك طبقة غير متحركة من الأيونات ملتصقة بقوة على سطح الدقيقة الغروية. وتتضمن جزيئات من الماء (إذا كان هذا هو الوسط المدعم). نصف قطر الوحدة من مركز الدقيقة الغروية إلى الكرة التى تملك هذه الطبقة الجامدة تسمى نصف قطر الحز وتعتبر عاملا هاما

لتقدير حركية الدقيقة. الجهد الكهربى عند نصف قطر الحز لمقارنة بقيمتها عند مسافة ما من الوسط تسمى جهد زيتا أو الجهد الإلكتروكيناتيكى. تنجذب الوحدة المركزية المشحونة فى جو أيونى عكس الشحنة وبالتالى يكون هناك سحابة مضغومة من شحنات مختلفة. ويعرف المدار الداخلى للشحنة والجو الخارجى بالطبقة المزدوجة الكهربية. ويوصف هذا الجو الأيونى بنفس الطريقة مثل نموذج ديباى هيكل للمحاليل الأيونية. وعندما تكون القوى الأيونية للمحلول منخفضة يوصف الجو الأيونى على أنه كروى متجانس بسمك r_D وتسمى طول ديباى. ويتوقع أن يقل سمك الجو الأيونى بزيادة القوى الأيونية للوسط.

عندما تكون القوى الأيونية كبيرة يكون الجو الأيونى أكثر كثافة وينخفض جهد الدقيقة الغروية إلى الصفر وبسرعة كبيرة: ولا يوجد حينئذ تنافر الكتروستاتيكى كافى لمنع الإقتراب الكبير بين دقيقتين غرويتين. ونتيجة لذلك يحدث تجلط (أو تجمع). تزيد القوى الأيونية بإضافة أيونات خصوصا ذات التكافؤ العالى وبالتالى فإن هذه الأيونات تعمل كمواد تجلط. وهذا هو أساس القاعدة الأولية لشولتز وهاردى. وهى أن الغرويات الهيدروفوبية تتجلط بكفاءة بأيونات ذات شحنات مخالفة ويكون التجلط سريعا إذا كانت الأيونات تحمل شحنات كبيرة. فأيونات الألومنيوم Al^{+++} فى الشبة تكون مؤثرة وتمثل أساس الأفلام المستخدمة لوقف نزيف الدم. وعندما ينساب ماء النهر المحتوى على غروى الطمى إلى البحر. يتسبب الملح فى إحداث تجلط (تجمع) وهذا هو السبب فى تكوين دلتا الأنهار عند مصبات الأنهار. وجد أن أكاسيد العناصر تحمل شحنة موجبة، بينما صولات الكبريت والعناصر الثقيلة فإنها تحمل شحنة سالبة. الجزيئات الكبيرة الموجودة فى الطبيعة تحمل أيضا شحنة عندما تتشتت فى الماء (كما هو الحال

فى الخلايا وليس فقط فى المعامل) والخاصية الهامة للبروتينـات (وللجزيئـات الكبـيرة الطبيعية الأخرى) هى أنهـا تعتمـد شـحناتها الكليـة عـلى الأس الهيـدروجينى للمحلـول، فعلى سبيل المثال فى الأجواء الحامضية تميل البروتونات إلى الإتصال بالمجموعات القاعدية وتكون الشحنة النهائية على الجزيئات الكبيرة هى الشحنة الموجبة. وفى الوسط القاعـدى يحدث العكس. وتحمل الجزيئات شحنة سالبة، ونقطة تساوى الجهد الكهربى هو يكـون الرقم الهيدروجينى الذى لا توجد عنده شحنة ويكون الجزئ عموما متعادلا.

مثـــــال

سهولة حركة مصل الألبيومين البوقين فى المحلول المائى قيس عنـد قـيم مختلفـة مـن الأس الهيدروجينى pH. ما هى نقطة التعادل الكهربى للبروتين المدروس.

pH	4.20	4.56	5.20	5.65	6.30	7.00
Mobility/•ms^{-1}	0.50	0.18	– 0.25	– 0.65	– 0.90	– 1.25

الطريقة: حركة البروتين الإلكتروفورية تكون صفرا عندما لا يكون مشـحونا لـذا فـإن نقطة تساوى الجهد الكهربى هى الرقم الهيـدروجينى الـذى عنـده لا يتحـرك البروتـين فى مجال كهربى. إرسم سرعة الحركة مقابل الـ pH. ثم أوجد من الرسم الرقم الهيـدروجينى الذى عنده سرعة التحرك تكون صفرا.

الحـــــل

من الرسم فى (20) سرعة التحرك تساوى صفرا عندما يكون الـ 4.8=pH وعليـه فـإن هذه هى نقطة تساوى الجهد الكهربى.

التعليق: فى بعض الأحيان تتعـين نقطـة تسـاوى الجهـد الكهـربى بمـد المنحنـى عـلى إسـتقامته وذلـك لأنـه ربمـا لا يكـون الجـزئ الكبـير ثابتـا فى مـدى كبيـر مـن الـرقم الهيدروجينى. توضح نقطة الجهد الكهربى أن

الشحنـة النهائيـة تـأتـى مـن البروتيـن بغـض النظـر عـن تواجـد الأيونـات الأخـرى (كمحلول منظم). فالدور الأولى للطبقة المزدوجة الكهربية هى إضفاء الثبات الكينـاتيكى عـلى دقـائق الغـروى والجزيئـات الضـخمة. الـدقـائق المتصـادمة تتكسـر خـلال الطبقـة المزدوجة وتتجمع فقط إذا كانت طاقة التصادم غير كافية لتحطيم طاقـة التصـادم ذو طاقة غير كافية لتحطيم طبقـات الأيونـات ومذاوبـة الجزيئـات أو فى حالـة عـدم قـدرة الحركة الحرارية على التواجد على سطح الشحنات المتراكمـة. ويمكـن حـدوث ذلـك عنـد درجات الحرارة العالية. حيث تترسب الصولات عندما تسخن. ومن جهة أخرى فإن دور الحماية للطبقة المزدوجة تفسر أهمية عدم إزالة الأيونات عندما ينقـى الغـروى بعمليـة الديلزة. ونتيجة لذلك يمكن للشحنة الكلية التى تحملها البروتينات أن تتغيـر بتغيـر الرقم الهيدروجينى، وبالتالى فمن المتوقع تطوير ثبات محاليلها. وهـذا يفسـر السـبب لسـهولة تجلط البروتينات عند نقطة تساوى الجهد الكهربى حيث لا توجد هناك شحنة كلية عـلى الغروى.

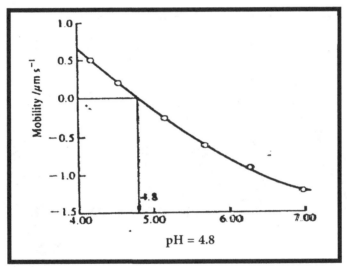

شكل (20) حركية البروتين كمعامل للرقم الهيدروجينى للمحلول.
نقطة تساوى الجهد الكهربى عند رقم هيدروجينى

وجود شحنة على سطح الدقائق الغروية وعلى سطح الجزيئات الضخمة الطبيعية لا تحفظ تلك الدقائق فقط ولكن تسمح لنا بالتحكم فى حركتها: من التطبيقات التى ذكرت سالفا الديلزة الكهربية والهجرة للشحنات الكهربية (إلكتروفوريسيز)، وبغض النظـر عـن دور تلـك التقنيـات فى تقديـر الكتلـة المولاريـة فـإن الإلكتروفوريسيز لهـا العديـد مـن التطبيقات التحليلية والتكنولوجية. وواحد من التطبيقات التحليلية هـى فصل مختلـف مكونات الجزيئات الضخمة والجهاز المستخدم موضح فى الشكل (21). ومـن التطبيقـات التقنية دهان الأشياء بواسطة قطرات مشحونة ومحمولة جـوا. تحمـل جزيئات المطـاط شحنة عندما تشتت فى وسط الإنتشار ويمكن ترسيبها إلكترونيـا على الأنـود الـذى يأخـذ شكل المنتج المطلوب. المطاط المكـون بطريقـة الإلكتروفوريسـيز يستخدم لعمـل الآلات المطلوب فيها عدم النفاذية والحساسية لدرجة معينة ويتضح ذلك عند تصنيع الجوارب المستخدمة فى العمليات الجراحية.

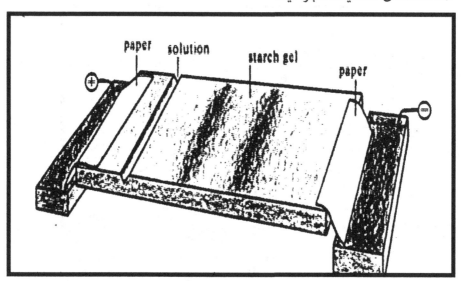

الشكل (21) جهاز مبسط للإلكتروفوريسيز

(7) i- المنظفات والشد السطحى :

تعـرف الأصـناف النشـطة فى أسـطح الإنفصـال بـين سـائلين بـالمواد ذات الفاعليـة السطحية وتعتبر المنظفات من الأمثلة الهامـة عـلى ذلـك، حيـث أنهـا تعمـل فى السـطح الفاصل بين الوسطين الهيدروفيلى والهيدروفوبى. ففى عمليـة التنظيـف يتوقـع الفـرد أن تتجمع جزيئات هذه المادة الفاعلـة عند السـطح الفاصـل بـين الوسـطين ونتيجـة لـذلك يتغير الشد السطحى. ويساعدنا الديناميكا الحرارية إلى الوصول إلـى علاقـة خاصـة بـين تجمع تلك الأصناف وتأثيرها على التوتر السطحى. فلنفـرض أن لـدينا صـنفان متلامسـان فعلا فإننا سوف نركز على الأوساط السائلة إلا أن الحيثيات تكون عامة والنتائج النهائيـة يمكن تطبيقها على السطوح الفاصلة بين أى وسط.

ونرمز للأوساط بالرمز α ، β . وحجوم تلـك الأوسـاط هـى $V^{(\alpha)}$ ، $V^{(\beta)}$. والنظـام الكلى يتكون من العديد من المكونات J كل منهم يتواجد بكمية قـدرها n_J ويكـون دالـة جيس الكلية للنظام هى G. إذا تم توزيع المكونات بتجانس خلال الأوساط والتـى تصـل إلى السطح الفاصل والذى ينظر إليه على أنه سطح محدد مساحته σ. ويعـبر عـن دالـة جبس الكلية بالقيمة $G^{(\alpha)} + G^{(\beta)}$.ولكن المكونات ليست متجانسة وبالتالى فإن مجموع دالتى جيس تختلف عن G بكمية تسمى دالة جبس السطحية $G^{(\sigma)}$:
بالمعادلة التاليـة:

$$G^{(\sigma)} = G - \{ G^{(\alpha)} + G^{(\beta)} \} \qquad (38)$$

ه،المثال إذا إحتوى الحجم الكلى على كمية $n_J^{(\alpha)}$ من J فى الوسط α وعـلى كميـة $n^{(\beta)}$ مـن β. يعتبر الوسطان متجانسان بالنسبة للسطح الفاصل الإفتراضى. الكمية الكليـة J تختلف عن مجموعهم بالكمية :

$$n_J^{(\sigma)} = n_J - \{ n_J^{(\alpha)} + n_J^{(\beta)} \} \qquad (24.4.2)$$

هذه الكمية الزائدة من المادة يعبر عنها بالكمية لكل وحدة مساحة من السطح وذلك بإدخال ما يسمى الزيادة السطحية Γ_J خلال العلاقـة :

$$\Gamma_J = n_J^{(\sigma)} / \sigma \qquad (40)$$

لاحظ أن كل من $n_J^{(\sigma)}$ ، Γ_J كلاهما موجبا (تجمع J عند السطح الفاصل بالنسبة للحجم الكلى) أو سالبا (النقص النسبى).

والآن نستطيع الإبحار فى مجال الديناميكا الحرارية. التغير الكلى فى G يتم بالتغيرات فى T ، P ، σ ، أيضا n_J.

$$dG = -S\,dT + V\,dp + \gamma d\sigma + \sum_J \mu_J dn_J$$

عندما تطبق هذه على $G^{(\beta)}$ ، $G^{(\alpha)}$ ، G وبالإستعانة بالمعادلة (38) نصل إلى العلاقة:

$$dG^{(\sigma)} = -\,S^{(\sigma)}\,dT + \sigma d\gamma + \sum_J \mu_J dn_J^{(\sigma)} \qquad (41)$$

وعند الإتزان تتساوى الجهود الكيميائية للمكونات فى الأوساط المختلفة $\mu_J^{(\alpha)} = \mu_J^{(\beta)} = \mu_J^{(\sigma)}$. وذلك مثل الذى يحدث فى دراسة الكميات المولارية الجزئية. ويمكن لهذا التعبير أن يتكامل عند درجة حرارة ثابتة إلى الآتى:

$$G^{(\sigma)} = \sigma\gamma + \sum_J \mu_J dn_J^{(\sigma)}$$

نبحث عن رابط بين $d\gamma$ والتغير فى الشد السطحى والتغير فى التكوين. ثم نطبق معادلة جبس - دوهيم. وفى هذا الوقت بمقارنة المعادلة التالية :

$$dG^{(\sigma)} = \sigma d\gamma + \gamma d\sigma + \sum_J n_J^{(\sigma\sigma} d\mu_J + \sum_J \mu_J dn_J^{(\sigma)}$$

بالمعادلة (41) حيث أن درجة الحرارة ثابتة (dT=o) نصل إلى الخلاصة التالية:

$$\sigma d\gamma + \sum_{J} n_J^{(\sigma\sigma} d\mu_J = o \text{ at con tant T.}$$

بالقسمة على σ نحصل على العلاقة التاليـة :

$$\text{Gibbs surface tension equation : } d\gamma = -\sum_{J} \Gamma_j d\mu_j \qquad (45)$$

يمكن وضع معادلة جبس بصورة مبسطة بالطريقة التالية: نفرض أن هناك بعضا من المواد ذات النشاط السطحى مثلا، منظف D يتوزع فى نظام مكون من وسطين. نستخدم النظرية القائلة بأن كلا من صنفى الماء والزيت ينفصلان بسطح هندسى تام. يتجمع المنظف على السطح. وحيث أن الزيادة السطحية لكل من الماء والزيت هى على التوالى: Γ_{water} ، Γ_{oil} وقيمتهما تساوى صفرا. تختصر معادلة جبس إلى الآتى : $d\gamma=-\Gamma_D d\bullet_D$ حيث أن $\bullet_D$ هو الجهد الكيميائى للمنظف. للمحاليل المخففة تكون $d\bullet_D=RTd\ell nc_D$ حيث أن c_D هو تركيز المنظف وعليه نحصل على المعادلات:

$$d\gamma = -(RT/c_D)\,\Gamma_D dc_D \text{ or } (\partial\gamma/\partial c_D)_T = -RT\,\Gamma_D/c_D \qquad (46)$$

يمكن دراسة هذه المعادلة كالتالى: إذا كان ميل المنظف للتجمع على السطح الفاصل كبيرا تكون زيادته السطحية موجبة وبالتالى فإن $(\partial\gamma/\partial c_D)_T$ تكون سالبة. بمعنى أن الشد السطحى يقل عندما يتجمع المذاب على السطح. والعكس صحيح عندما يكون معلوما لدينا الإرتباط التركيز يمكن حساب الزيادة السطحية من المعادلة الأخيرة.

يمكن إختبار توقعات هذا النوع من المعادلات بطريقة بسيطة. وذلك بتقسيم السطح للمحلول إلى عدة شرائح رقيقة من المحلول، ثم تحليل مكوناتها وذلك لمعرفة الزيادة أو النقص فى المادة الفاعلة السطحية. لوحظ أن النتيجة تتلخص فى المعادلة الأخيرة والتى تعتمد على الفرض القائل بالسلوك المثالى. هناك حيودا كبيرا عند تركيزات المنظفات المستخدمة عمليا. وهذا الجزء يمكن شرحه وذلك بالربط بين سلوك

السطح المثالى للصنف بالمعادلة (46) بمظاهر التركيب للمحاليل المثالية والتى ذكرت فى الدراسة الخاصة بالغازات. عند تركيزات منخفضة من المنظف من المتوقع أن يتغير الشد السطحى خطيا مع التركيز وبالتالى نحصل على المعادلة :

$$\gamma = \gamma^* - Kc_D$$

حيث أن K مقدار ثابت. فمن المعادلة (46) نصل إلى :

$$\Gamma_D = kc_D / RT = (\gamma^* - \gamma) / RT \qquad (47)$$

وإذا رمزنا للفرق ($\gamma^* - \gamma$) بالرمـز π وهو ضـغط السـطح فإن هـذه المعادلـة تصبح كالتالى:

$$\pi \sigma = n_D^{(\sigma)} RT \qquad (48)$$

وهى المعادلة المستخدمة للتعبير عن الغاز المثالى ثنائى الأبعاد ويمكن إعتبار الزيادة فى المذاب على السطح الفاصل فى المحاليل المخففة المثالية كأنها تتصرف بنفس الطريقة التى تسلكها جزيئات الغاز المثالى والذى يرجع إلى سطح ثنائى الأبعاد.

(8) i- مرونة المطاط Elasticity of rubber

فنأخذ فى الإعتبار سلسلة بوليمرية أحادية الأبعاد حرة الفواصل. تكون الحالة ثلاثية الأبعاد أكثر من حقيقية. ولكن الحالة أحادية الأبعاد تمثل الخصائص الأساسية. بـدون أن تكون متضمنة لذلك. تشاكل السلسلة يمكن التعبير عنه بعدد الروابط المتجهة إلى اليمين N_R وتلك المتجهة إلى اليسار N_L المسافة بيـن نهايات السلسلة هـى ℓ ($N_R - N_L$) حيـث أن ℓ هى طول الرابطة المنفردة. نكتب :

$$n = N_R - N_L$$

ويكون العدد الكلى للروابط هو ($N = N_R + N_L$).

عدد طرق تكوين السلسلة وذلك مـن المسافة بـين النهايتين $n\ell$ هـى عـدد طرق الحصول على الروابط N_R المتجهة يمينا، N_L المتجهة يسارا. وهـذه هـى معامـل ثنائى الإتجاه.

$$W(n) = N!/N_R! \, N_L! = N! / \{\tfrac{1}{2}(N+n)\}! \, \{\tfrac{1}{2}(w-n)\}!, \qquad (49)$$

يعبر عن إنتروبى التشاكل للسلسلة ببساطة كالتالى :

$$S = k\ell n \, W(n)$$

$$S(n)/k = \ell n \, N! - \ell n \, N_L! - \ell n \, N_R! \qquad (50)$$

حيث أن الحاصل يكون كبيرا. تقريب ستيرلنج يصل إلى:

$$\ell n \, x \, ! \approx \ell n \, (2\pi)^{\frac{1}{2}} + (x + \frac{1}{2}) \, \ell n \, x - x \qquad (51)$$

يمكن أن نستخدم وهــــذه الصـــورة هى أكثر دقــة من:

$$\ell n \, x \, ! \approx x \, \ell n \, x - x$$

وتعطى هذه العلاقة التالية :

$$S(n)/k = -\ell n \, (2\pi)^{\frac{1}{2}} + (N+1)\ell n \, 2 + (N + \frac{1}{2}) \, \ell n \, N$$

$$- \frac{1}{2} \, \ell n \, \{(N+n)^{N+n+1} (N-n)^{N-n+1}\} \quad (52)$$

الشكل الأكثر إحتمالا للسلسلة هـو الشكل بنهايات تقترب مـن بعضها (n=o). كـما أثبت بالتفاضل. ولذلك فأقصى أنتروبى هو :

$$S(o)/k = -\ell n \, (2\pi)^{\frac{1}{2}} + (N+1)\ell n \, 2 + \frac{1}{2} \, \ell n \, N \qquad (53)$$

التغير فى الإنتروبى عندما تمتد السلسلة من هذا الشكل الأكثر إحتمالا إلى نقطة مثل المسافة بـين النهايات هى $n\ell$ هـــى :

$$\Delta S = S(n) - S(o)$$

$$= \frac{1}{2} \, k \, \{\ell n \, N^{N+1} \, N^{N+1} - \ell n \, (N+n)^{N+1+n} \, (N-n)^{N+1-n}\}$$

$$= -\frac{1}{2} \, k \, N \, \ell n \, \{(1+V)^{1+V} (1-V)^{1-V}\}$$

حيث أن : $V = n/N$

التغير فى الأنتروبى لوحدة من السلاسل هى :

$$\Delta S_m = -\frac{1}{2} \, NR \, \ell n \, \{(1+V)^{1+V} (1-V)^{1-V}\} \qquad (54)$$

تذكر أن N هى عدد الحلقات فى السلسلة.

يكـون التغـير فى الأنـتروبى سـالبا لكـل الإمتـدادات. وبالتـالى نخلـص إلى أن إنكـماش السلسلة إلى حالتها الحلزونية التامة هى عملية تلقائية. الشغل المبذول على قطعـة مـن المطاط عندما تمتد إلى مسافة dx هـو fdx حيـث f هـى القـوة المختزنـة. القـانون الأول يكون بالتالى:

$$dU = TdS - pdV + fdx \qquad (55)$$

وبالتالى نحصل على :

$$(\partial U / \partial x)_{T,V} = T(\partial S / \partial x)_{T,V} + f \qquad (56)$$

فى المطاط الحقيقى كما هو الحال فى الغاز الحقيقـى فـإن الطاقـة الذاتيـة لا تعتمـد على الأبعاد عند درجة حرارة ثابتة وبالتالى يكون الجـزء الأيسر مـن العلاقـة هـو الصـفر ويمكن تحديد القوة المختزنة كالتالى :

$$f = -T\,(\partial S / \partial x)_{T,V}$$

إذا إستعملنا التعبير الإحصائى للأنتروبى نحصل على :

$$f = -(T/\ell)\,(\partial S / \partial n)_{T,V} = -(T/\ell N)\,(\partial S / \partial \nu)_{T,V}$$

$$= (RT / 2\ell)\ln\{(1+\nu)/(1-\nu)\} \qquad (57)$$

وبالتالى فإن العينـة تظهـر سـلوك قـانون هـوك تناسـب القـوة المختزنـة طرديـا مـع الإزاحة. ولكنها تختلف عنها عند الإمتدادات العالية.

*****

الباب الثالث
كيناتيكا البلمرة بالشقوق الحرة

كيناتيكا البلمرة بالشقوق الحرة :

يعتمد فهم الكثير عن الجزئيات الضخمة على الأبحاث الأولية التى قام بها العالم هيلمان ستودنجر وفريق البحث الذى كان معه والذى قام بنشر أكثر من 700 بحث فى هذا المجال.

وقد أدخل ستودنجر تعريف الجزئيات الضخمة حتى يميز نوع المواد التى يصل فيها الوزن الجزيئى للجزئ إلى أكثر من 10000. يسمى النظام بالجزئيات الضخمة إذا أظهر الصفات النوعية التالية (اللزوجة، تشتت الضوء، الترسيب العالى، الخواص التجمعية، وقد جهز ستودنجر الغروانيات الجزيئية وذلك من الغروانيات المجمعة) كمواد تتصرف كأنها غرويات فى المحلول وذلك بكبر أحجام جزئياتها.

وفى الأصل نجد أن البوليمرات تعنى أن المادة تتركب من جزئيات يصل تركيبها إلى X_n وذلك بتكرار وحدات تركيبية متشابهة قدرها n وحدة من x وحدات، وبإتحاد وحدات تركيبية مختلفة تصل إلى ما يسمى كوبوليمر ويرمز له بالرمز X_n Y_m (وذلك بالمقارنة بالمبوليمر المقاس X_n).

ويمكن التحدث عن مواد مثل البروتينات والأحماض النووية على أنها بوليمرات وذلك لإحتوائها على أعداد كبيرة من وحدات تركيبية متشابهة تتصل ببعضها بنفس الرابطة.

a) **أنواع التفاعلات المتعددة** : Types of polyreactions

يمكن تحضير البوليمرات العالية من جزئيات صغيرة وذلك بطرق بلمرة مختلفة.

البلمرة بالإضافة: تحتوى على إضافة أحد الجزئيات إلى الآخر من خلال إستخدام مكافئات غير مشبعة (روابط ثنائية مثلا) فعلى سبيل المثال يتكون البولى إيثيلين بالإضافات المتعددة لوحدات ($CH_2=CH_2$)

وذلك للحصول على سلسلة بوليمرية ونمو السلسلة يحضر. بتقديم ما يسمى بالشق الحر R التى تضيف إلى الجزئ الغير مشبع وذلك لتعطى شق كبير .

$$R- + CH_2 = CH_2 \rightarrow R - CH_2 - CH_2-$$

التى تضيف هى الأخرى إلى جزئ آخر من $CH_2 = CH_2$

$$\mathbf{R- CH_2- CH_2 + CH_2 = CH_2 \rightarrow R - CH_2 - CH_2 - CH_2 - CH_2 -,}$$

ويمكن أن تستمر خطوات الإضافة بسرعة كبيرة من خلال وسط النمو للبلمرة وفى النهاية يمكن أن يصطدم شقان ناميان $R(CH_2)_n - CH_2 -$

وتنتهى السلسلة البوليمرية إما بالإتحاد أو بعدم الإستعدال

$$R(CH_2)_n - CH_2 - + R(CH_2)_m - CH_2 - \rightarrow R(CH_2)_{m+n+2} R$$

$$\rightarrow R(CH_2)_n CH_3 + R(CH_2)_{m-1} CH = CH_2$$

وإذا أخذنا نوعين من المونومر A ، B كمواد متفاعلة يحدث ما يسمى بالكوبوليمر وذلك مع إمكانية الحصول على نوعيات مختلفة من الكوبوليمرات إعتمادا على نسبة A إلى B فى الناتج. والمثال العام فى الصناعة هو الكوبوليمر من الأستايرين والبيوتادايين بنسبة تصل إلى 1:3 وذلك فى المطاط الصناعى والمسمى SBR.

البلمرة بالتكثيف: وهو نوع من التفاعلات تحدث من خلال نزع جزئيات صغيرة وتكوين رابطة بين: مونومرين. كل واحد فيهم يحتوى على مجموعتين فعالتين بحيث إن التفاعل يتكرر بإستمرار لتكوين الجزئ الضخم والمثال على ذلك هو تحضير بولى أميد النايلون 66 وذلك بالعالم كاروذر 1934.

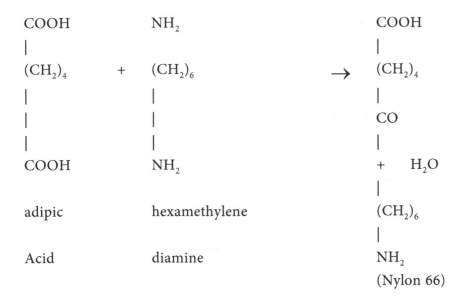

COOH		NH_2		COOH
|				|
$(CH_2)_4$	+	$(CH_2)_6$	→	$(CH_2)_4$
|		|		|
|		|		CO
|		|		|
COOH		NH_2		+ H_2O
				|
adipic		hexamethylene		$(CH_2)_6$
				|
Acid		diamine		NH_2
				(Nylon 66)

ويحتوى الناتج على مجموعات طرفية فعالة ويمكن أن تستمر عملية التكثيف وينتج مركب يصل وزنه الجزئ إلى Mr~15000.

ولا يشترط أن يكون الصنف الفعال فى التفاعل البلمرة أن يكون شقا ولكن يمكن أن يكون أيون أو أن يكون متراكب نشيط بالإتحاد مع عامل حفاز مناسب، ففى عام 1963 تقاسم كلا من كارل زيجلر وجويليوناتا تقاسما جائزة نوبل وذلك لأبحاثهم فى تطوير تقنيات تحضير البوليمرات وذلك بنوعية من السيتريو أيزوميرزم. وكان مفتاح هذه التفاعلات هو إكتشاف العوامل الحفازة الغير متجانسة والمعتمدة على خليط من مركبات $Al(C_2H_5)_3$ وكذا $TiCl_4$.

b) توزيع الكتل المولارية:

من الواضح أن الجزئيات الضخمة والمكونة بأى من التفاعلات السابقة لا تحتوى كلها على نفس الكتلة المولارية m ، وبالتالى هناك توزيعا لكتل الجزئيات الضخمة وذلك بإحتمال W(m) حيث أن الكتلة تقع بين m ، (m+dm) ، وعدم التماثل فى الكتل المولارية يتسبب فى العديد من المشاكل فى تفسير بعض الخصائص للجزئيات الضخمة فى المحاليل. ففى محلول من الأستايرين فى البنزين كل جزئيات الأستايرين تكون متماثلة وتعطى طرق تقدير الكتل المولارية

M نفس القيمة وذلك فى نطاق الخطأ التجريبى المسموح به. أما فى محلول مـن البولى ستايرين فى البنزين فإن كتل جزئيات البوليمر المنفردة تتـوزع فى خـلال مـدى من القيم. وبالتالى تعطى الطرق المختلفة لتقييم الكتل المولارية من خـواص المحاليـل قيما مختلفة للكتل المولارية لنفس البوليمر.

c) الخواص التجمعية:

مثل الضغط الأسموزى وتعتمد على عـدد الجزئيـات فى المحلـول. وعليـه فـإن كتلـة المول المحسوبة من الخواص التجمعية هى المتوسط العددى وتتحدد بالعلاقة التالية:

$$\overline{M}_N = \frac{L\sum Ni.mi}{\sum Ni}$$

(58)

وللحصول على $\overline{M}_N$ نضيف حواصل كل كتلة مولاريـة قـدرها m_i وعـدد الجزئيـات N_i التى تمتلك تلك الكتلة ونقسـمها عـلى العـدد الكـلى للجزئيات ثـم نضـربها فى عـدد أفوجادرو.

ففى حالة توزيع الكتل المولارية فإن المتوسط العددى يعطى الكتل المنخفضة.

نفرض أن لدينا نوعان من الجزئيات أحدها $Lm_i = 100g. mol^{-1}$

والثانى يكون $Lm_2 = 10000g. mol^{-1}$. يكون المتوسط العددى

$\overline{M}_N = 5050g. mol^{-1}$

وذلك بغض النظر عن كون أكثر من 99% من كتلة المادة توجد فى الجزئيات الثقيلة. فى التقديرات التجريبية للكتل المولارية والتى تعتمد فى ذلك على تشتيت الضـوء تعتمـد على كتل المواد فى الكسور المختلفة من الجزئيات، وتعطى هذه الطريقة المتوسط الكتلى وذلك كالتالى:

$$\overline{M}_m = \frac{L\sum Ni\, mi\, mi}{\sum Ni\, mi} = \frac{L\sum Ni\, mi^2}{\sum Ni\, mi} \qquad (59)$$

نفـرض أن هنـاك عينـة تحتـوى علـى 10% بـالوزن مـن بـوليمر وذلـك بقيمـة $Lm_1 = 10000 g.\, mol^{-1}$ ، 90% بالوزن مـن بوليمر نوعه $Lm_2 = 10000 g.\, mol^{-1}$

وعليه يكون:

$$\overline{M}_m = \frac{0.1(10000) + 0.9(100000)}{1} = 91000 g.\, mol^{-1}$$

بينما :

$$\overline{M}_N = \frac{0.1(10000) + 0.09(100000)}{0.19} = 52500 g.\, mol^{-1}$$

d) كيناتيكية البلمرة بالشقوق الحرة:

الآن نتكلم عن الحركية الكيميائية لتفاعلات البلمرة فى المحاليـل بالإضـافة فى وجـود الشوق الحرة. وتتم هذه التفاعلات إما فى وجود مذيب أو بإسـتخدام مونـومر نقـى مع إضافة بعض المنشطات. نرمز لكل مـن المنشـط والمونـومر بـالرمز I ، M. ويكـون آليـة التفاعل كالتالى:

$$I \xrightarrow{k_i} 2R^*$$

$$R^* + M \xrightarrow{k_a} RM^*$$

$$RM^* + M \xrightarrow{k_{p_1}} RM_2^* \;,\; RM_2^* + M \xrightarrow{k_{p2}} RM_3^*, \ldots.$$

$$RM_m^* + RM_n^* \xrightarrow{k_{t\,mn}} RM_m + nR \quad \text{for} \quad m = 0, 1, 2\ldots$$

،

$$= 0, 1, 2, \ldots.$$

فى خطوة التنشيط يكون ثابت السرعة للتفاعل هو k_i، وينحل المثبط حراريا إلى حد ما ليعطى شقوقا حرة R^* . وبالتالى هو إنحلال بيروكسيد البنزويـل:

$$(C_6H_5COO)_2 \xrightarrow{k_i} 2C_6H_5COO^*$$

وفى خطوة الإضافة: $R^* + M\ RM^* \xrightarrow{k_a}$

وذلك بثابت سرعة قدره k_a ، تضيف R^* إلى المونومر وفى خطوات النمو تكون ثوابت السرعة هى k_{p_1} ، k_{p_2} ويضاف المونوم إلى السلسلة النامية. فى خطوات النهاية تضاف السلاسل إلى بعضها لتعطى جزئيات البوليمر. وفى بعض الأحيان تحدث خطوة النهاية أساسا بإنتقال ذرة هيدروجين بين R_n^* ،R_m^* (disproportionation) بطريقة عدم الإستعدال وذلك لتعطى جزئيان من البوليمر أحدهما يشتمل على رابطة ثنائية طرفية وللتبسيط نزعم أن نشاط الشقوق الحرة لا يعتمد على حجمها لدرجة أن كل خطوات النمو لها نفس ثابت السرعة والذى نسميه k_p حيث : $k_{p_1} = k_{p_2} = k_p$. وبالمثل نرى أن حجم الشق الحر لا يؤثر على ثوابت السرعة النهائية.

وبالتالى فإن $k_{t,mn}$ تعتمد على ما إذا كانت m تساوى أو لاتساوى n فالسرعات $d[RM_{m+n}R]/dt$ ، $d[RM_{2n}R]/dt$ وذلك لتفاعلات النهاية الأولية :

$$RM_m^* + RM_n^* \rightarrow RM_n + mR$$

والتفاعل :

$$2RM_n^* \rightarrow RM_{2n}R$$

تتناسب مع السرعة التى تصطدم بها الجزئيات المتفاعلة فى وحدة الحجوم من المحلول وذلك مثل سرعة التصادم لكل وحدة حجوم Z_{bb} التى نحصل عليها بوضع c = b فى Z_{bc} وبالضرب فى $\frac{1}{2}$. سرعة التصادم لوحدة الحجوم للجزئيات المتشابهة والمحتوية على معامل زيادة قدره $\frac{1}{2}$ مقارنة بسرعة التصادم لوحدة الحجوم للجزئيات المتماثلة.

وعليه فإن ثابت السرعة لخطوة النهاية بين جزئيات متشابهة تكون نصف خطوة النهاية بين جزئيات غير متشابهة.

$m \neq n$ حيث أن $k_{t,mn} = \frac{1}{2} k_{t,mn}$

بالإشارة لثابت سرعة النهاية k_t نحصل على :

$k_t = k_{t,mn}$ for all n ،

$k_{t,mn} = 2k_t$ for $m \neq n$ ..... (60)

ويكون معدل سرعة إستهلاك المونومر هى r_M وتعطى بالقيمة التاليـة:

$r_M = - d[M]/dt = k_a [R^*] [M] + k_p [RM^*] [M] +$

$k_p [RM_2^*] [M] + \ldots$

$$\frac{-d[M]}{dt} \simeq k_p [M] \sum_{n=o}^{\infty} [RM_n^*] \equiv k_p [M] [R_{tot}^*] \ldots \quad (61)$$

حيث أن $[R_{tot}^*]$ هى التركيز الكلى لجميـع الشـقوق. لإيجـاد $[R_{tot}^*]$ وبالتـالى - $d[M]/dt$ نطبق حالة الثبات التقريبية على كل شق حر: حيث أن :

$d [R^*] / dt = 0$ ، $d [RM^*] / dt = 0$ ،

$d [RM_2^*] / dt = 0$ ....

(62) ....وإضافة كل هذه المعادلات يعطى $d [R_{tot}^*] / dt = 0$

حيث أن:

$$[R_{tot}^*] = \sum_{n=o}^{\infty} [RM_n^*]$$

فلخطوة الإضافة: $B^* + M \longrightarrow RM^*$

ولكل خطوة نمو يستهلك شق وينتج شق فى كل خطوة وبالتالى فإن هذه الخطـوات لا تؤثر فى $[R_{tot}^*]$، كذلك $d[R_{tot}^*]/dt$

لذلـك فإننـا نحتاج إلى الأخذ فى الإعتبار خطوات الإبداء والإنهاء فى تطبيـق نظريـة حالة الثبات $d[R_{tot}^*]/dt=0$.

مساهمة خطـوة التحفيـز إلى $d[R_{tot}^*]/dt$ تسـاوى $(d[R^*]/dt)_i$ وهـى السرعة التى يتكون بها الشق R^* فى خطوة التنشيط. وليس كل

الشقوق *R تنشط سلاسل البوليمر. بعضها يتحد ثانية مع I فى قفص المذيب التى تحيط بهم والآخر يقتصر على تفاعله مع المذيب. لذا تكتب المعادلة التالية:

$$(d[R^*_{tot}]/dt)_i = (d[R^*]/dt)_i = 2f\, k_i\, [I]... \qquad (63)$$

حيث أن f هى كسر الشقوق *R التى تتفاعل مع المونومر M وتقع قيمة f بين 0.3 ، 0.8. وتحدث خطوة الإنهاء للشق RM^*_n بالتفاعل التالى :

$$2R^*M_n \longrightarrow R\,M_{2n}R$$

أو بالتفاعل التالى:

$$RM^*_n + RM^*_m \longrightarrow RM_{n+m}R$$

حيث أن : $m = 0, 1, 2, ...$ ولكن $m \neq n$

مساهمة خطوات الإنهاء لسرعة إحتواء هذه الشقوق المحتوية على عدد n من المونومرات هى z :

$$\left(\frac{d[RM^*_n]}{dt}\right)_t = -2k_{t,nn}[RM^*_n]^2 = k_{t,mn}[RM^*_n]\sum[RM^*_m]$$

$$= -2k_t[RM^*_n]\sum_{m=0}^{\infty}[RM^*_m] = -2k_t[RM^*_n][R^*_{tot}] \quad (64)$$

وحيث أننا إستخدمنا المعادلة رقم (60). فإن السرعة الكلية لإستهلاك الشقوق فى خطوات الإنهاء على فرض إستخدام العلاقة (64).

$$\left(\frac{d[R^*_{tot}]}{dt}\right)_t = \sum_{n=0}^{\infty}\left(\frac{d[RM^*_n]}{dt}\right)_t = -2k_t[R^*_{tot}]\sum_{n=0}^{\infty}[RM^*_n] =$$

$$-2k_t[R^*_{tot}]^2 \qquad (65)$$

نجمع المعادلتين (64) ، (65) وتطبيق نظرية حالة الثبات نحصل على:

نحصل على : $d(R^*_{tot})/dt = (d[R^*_{tot}]/dt)_i + (d[R^*_{tot}]/dt)_t$

$$= 2f_{ki}[I] - 2k_t[R^*_{tot}]^2 = 0$$

$$[R^*_{tot}] = (f / k_i k_t)^{\frac{1}{2}} [I]^{\frac{1}{2}} \ldots \qquad (66)$$

بالتعويض فى المعادلة (61) نحصل على:

$$- d[M] / dt = k_p (f k_i / k_t)^{\frac{1}{2}} [M] [I]^{\frac{1}{2}} \ldots \qquad (67)$$

التفاعـل أحادى الرتبة بالنسبة للمونومر ونصفى الرتبة بالنسبة للمنشط.

درجة البلمرة :

درجة البلمرة DP للبوليمر هى عدد المونومرات الموجودة فى البوليمر.

فى وقت قصير قدره dt أثناء عملية البلمرة إفرض أن 10^4 مـن جزئيـات المونـومر M تستهلك وأن 10 جزئيات من البوليمر ذات أطوال سلسلة مختلفة قد تكونت. بإستخدام نظرية حالة الثبات فإن تركيزات المركبات الوسـطية RM^* ، RM_2^* لا تتغـير بقـدر كبـير. لذلك فإنه بلغة المواد فإن جزئيات البـوليمر العشرـة لابـد أن تحتـوى عـلى 10^4 وحـدات مونومرية ويكون متوسط درجة البلمرة خلال هذه الفترة الزمنية هى $\langle DP\rangle = 10^4/10 = 10^3$ نحن نرى أن:

$$\langle DP\rangle = - d [M] / d [P_{tot}]$$

حيث أن $[P_{tot}]$ هى التركيز الكلى لجزئيات البوليمر

$$\langle DP\rangle = \frac{- d[M]}{d[P_{tot}]} = \frac{- d[M]/dt}{d[P_{tot}]/dt} \ldots\ldots\ldots \qquad (68)$$

وحيث أن هناك جزئ بوليمر واحد يتكون عندما يتحد شقين معا فإن سرعة تكـوين البوليمر تكون نصف سرعة إستهلاك الشقوق فى خطوة الإنهاء

$$d[P_{tot}] / dt = - \frac{1}{2} (d[R^*_{tot}] /dt)_t = k_t [R^*_{tot}]^2 = fk_i [I] \ldots \qquad (69)$$

حيث إستخدمت المعادلات (65) ، (66)

بالتعويض فى المعادلة (66)، المعادلة (68) فى (67) نحصل على (68) وذلك للإنهاء بالإتحاد $\langle DP \rangle = \dfrac{k_p[M]}{[fk_i k_t)^{\frac{1}{2}}}$.

إذا تمت عملية الإنهاء بالطريقة الثانية (diproportionation) فإن <DP> تكون نصف قيمتها فى الثانية (68). التركيز المنخفض فى مادة التنشيط مقارنة بتركيز المونومر تناسب الحصول على درجة بلمرة <DP> عالية. تفاعلات البلمرة فى المحلول عادة ما تجرى فى درجة حرارة تتراوح فيها قيمة k_i بين 10^{-5} إلى 10^{-6} s^{-1}. عند درجة $50^{o}C$ ، أما k_t تتراوح من 10^{6} إلى $10^{9}\ dm^{3}\ mol^{-1}\ s^{-1}$. وترجع القيم العالية إلى النشاط العالى للشقوق مع بعضها البعض وتتراوح قيم k_p من 10^{2} إلى $10^{4}\ dm^{3}\ mol^{-1}\ s^{-1}$. عند تركيز مونومر $[M]=5 mol/dm^{3}$ ، $[I]=0.01\ mol/dm^{3}$ نجد أن $[R^{*}_{tot}]=10^{-8}\ mol/dm^{3}$ ، $\langle DP \rangle = 7000$.

على الرغم من أن $k_t >> k_p$ فإن التركيزات المنخفضة للشقوق مقارنة بتركيزات المونومر تجعل من المستحب للشقوق أن تتفاعل مع المونومر أكثر من تفاعلاتها مع بعضها وعليه تستطيل السلسة إلى حد كبير قبل أن تتم عملية إنهاءها.

e) الديناميكا الحرارية للسطوح:

هناك طريقتان للديناميكا الحرارية للأنظمة التى فيها التأثير السطحى يكون واضحا حيث تعامل جوجين هايم فى عام 1940 مع الطبقة البين سطحية كوسط ثرموديناميكى ثلاثى الأوجه والتى لها حجم معين، طاقة ذاتية، إنتروبى. أما جبس فى عام 1878 فقد إستبدل النظام الحقيقى بنظام إفتراضى والتى إفترضت فيها المنطقة الوسطية كأنها وسط ثنائى الأوجه والتى فيها يكون الحجم صفرا ولكن قيم الخواص الثروموديناميكية الأخرى ليست صفرية. بالمقارنة بنموذج جبس

فإن طريقة جوجين هايم سهلة التخيل وهى شديدة الصلة بالوضع الفيزيائى الواقعى وعليه فإن طريقة جبس أكثر شيوعا فى طريقة جبس فإن النظام الحقيقى للشكل (a) [والذى يحتوى على أوساط α ، β بجانب المنطقة المتوسطة] ، يحل محله النظام التخيلى والمبين فى شكل (b). فى نموذج جبس الوسط α ، والوسط β مفصولين عن بعضهما بسطح سمكه صفرا ويسمى سطح التقسيم لجبس. الأوساط α ، β على الجانبين لها نفس الخواص المستقلة كما هو الحال فى النظام الحقيقى. وضع السطح التقسيمى فى نظام جبس يكون تخيلى ولكنه يكون قريب جدا من المنطقة المتوسطة فى النظام الحقيقى الكميات المقاسة تجريبيا تكون فى الغالب مستقلة عن إختيار وضع السطح التقسيمى.

النظام النموذجى Model system

ويضيف نموذج سطح التقسيم مهما كانت قيم الخواص الثرموديناميكية واللازمة لرسم النظام النموذجى ويكون لها نفس القيم الإجمالية للحجم، الطاقة الذاتية، والإنثروبى وكميات المكونات التى يحتويها النظام الحقيقى.

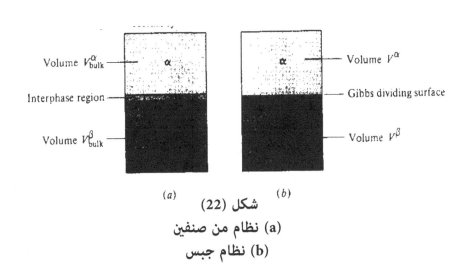

(a) شكل (22) *(b)*

(a) نظام من صنفين

(b) نظام جبس

سوف نستخدم الرمز سجما (σ) للتعبير عن الخاصية الثرموديناميكية للسطح الفاصل (سطح التقسيم) وسطح التقسيم يكون سمكه صفرا وحجمه صفرا أيضا. أى أن $V^{\sigma}=0$. إذا كان V حجم النظام الحقيقى، V^{α} ، V^{β} حجوم الأوساط α ، β فى النظام الحقيقى. يتطلب ذلك أن الحجم V يأخذ القيمة:

$$V = V^{\alpha} + V^{\beta} \qquad (69)$$

نفرض أن U^{α}_{bulk} ، V^{α}_{bulk} هما طاقة وحجم مقدار الوسط α فى النظام الحقيقى القيمة المستقلة V^{α}_{bulk} / U^{α}_{bulk} هى الطاقة لوحدة الحجوم (كثافة الطاقة) لمقدار الوسط α . بالتحديد كثافة الطاقة للوسط α فى النظام النموذجى تساوى كثافة الطاقة V^{α}_{bulk} / U^{α}_{bulk} لمقدار الوسط α فى النظام الحقيقى. حيث أن الوسط • للنظام النموذجى يكون حجمه V^{α} ، الطاقة U^{α} للوسط النموذجى α هى:

$$U^{\alpha} = \left(\frac{U^{\alpha}_{bulk}}{V^{\alpha}_{bulk}}\right) V^{\alpha} \text{......} \qquad (70)$$

بنفس النظام يمكن كتابة $U^{\cdot}$ للوسط النموذجى • وتكون الطاقة الكلية الداخلية للنظام النموذجى هى:

$$U^{\alpha} + U^{\beta} + U^{\sigma}$$

حيث أن U^{σ} هى الطاقة الزائدة للسطح.

وبالتحديد نجد أن الطاقة الكلية يجب أن تساوى الطاقة الذاتية الكلية U للنظام الحقيقى.

$$U^{\beta} + U^{\sigma}\, U = U^{\alpha} +$$

أو .... (71)

$$U^{\alpha} + U^{\beta}\, U^{\sigma} = U -$$

يمكن تطبيق نفس الفكرة عن الأنتروبى وعليه:

$$S^{\alpha} = (S^{\alpha}_{bulk} / V^{\alpha}_{bulk})\, V^{\alpha},\ \ S^{\beta} = (S^{\beta}_{bulk} / V^{\beta}_{bulk})\, V^{\beta},$$

$$S^{\sigma} = S - S^{\alpha} - S^{\beta} \ldots\ldots \quad (72)$$

حيث أن S هى الأنتروبى الكلى للنظـام الحقيقـى ، S^{σ} ، S^{β} ، S^{α} هـى أنتروبيـات لأوساط α ، β ، سطح التقسيم للنموذج ونفس الموضـوع يطبـق عـلى كميـة المكـون i ، حيث أن:

$$n_i^{\alpha} = c_i^{\alpha} V^{\alpha} \quad , \quad n_i^{\beta} = c_i^{\beta} V^{\beta} \quad \ldots\ldots\ldots\ldots \quad (73)$$

$$n_i = n_i^{\alpha} + n_i^{\beta} + n_i^{\sigma} \quad \text{أو} \quad n_i^{\sigma} = n_i - n_i^{\alpha} - n_i^{\beta} \ldots\ldots \quad (74)$$

حيث أن c_i^{α} هو التركيز المولارى للمكـون i فى مقـدار الوسـط α للنظـام الحقيقـى (وبالتحقيق فى الوسط α للنظام النموذجى)، n_i^{α} ، n_i^{β} هى أعداد المـولات للمكـون i فى أوساط •، • للنظام النموذجى، n_i^{σ} هى عدد مـولات المكـون i فى سـطح التقسـيم، n_i هى العدد الكلى لمولات i فى النظام الحقيقـى (وفى النظـام النمـوذجى) وتسـمى الكميـة n_i^{σ} الزيادة السطحية الكمية المكـون، ويمكـن أن تكـون موجبـة أو سـالبة أو صـفر `1. وبالتحديد فإن:

$$n_i^{\sigma} \equiv n_i - (n_i^{\alpha} + n_i^{\beta}) = n_i - (c_i^{\alpha} V^{\alpha} + c_i^{\beta} V^{\beta}) \quad \ldots \quad (75)$$

ومعناها أن كمية الزيادة السطحية n_i^{σ} هى الفرق بين كميـة i فى النظـام الحقيقـى وكمية المكون i الموجودة فى النظام إذا بقـى التجـانس فى مقـدار الوسـطين α ، β حتـى الوصول إلى سطح التقسيم.

تعتمد القيمة n_i^{σ} على وضع سطح التقسيم كما سنوضح فيما بعد.

نفرض أن تركيز المكون c_i (i) فى النظام الحقيقى يختلف بإختلاف الإحداثى z كما هو واضح فى المنحى $c_i(z)$ فى الشكل المقابل شكل (23) المنطقة المتوسطة (البينية) تقـع بـين z_2،z_1 ويقع سطح التقسيم عند z_0 نتخيـل النظـام (والـذى يبـدأ عنـد z=0 ويمتـد حتـى (z=b) أنه يتقطع إلى قطع صغيرة (شرائح) موازية للمستوى البينـى. نفـرض أن الشرـيحة الواحدة تحتوى على dn_i مولات من المكـون i وأن سـمكها هـى d_z،أن مسـاحة مقطعهـا هو $\hbar$ والحجم هو dv ويساوى $dz\hbar$ وبالتالى فإن :

$$c_i = dn_i / dV$$
$$= dn_i / (\hbar\, dz)$$

وأن: $dn_i = c_i \hbar\ dz$

عدد المولات الكلى n_i للمكون i فى النظام نحصل عليه بجمع الكميات المتناهية فى الصغر dn_i لعدد الشرائح اللانهائى الذى تقطع إليه النظام. وهذا المجموع هو فى الحقيقة التكامل المحدود من 0 إلى b للمقدار

$$dn_i = c_i \hbar\ dz$$

$$n_i = \hbar \int_0^b c_i\, dz$$

وتكامل المقدار $\int_0^b c_i dz$ هو المساحة التى تقع تحت الخط المتصل فى الشكل المقابل (23).

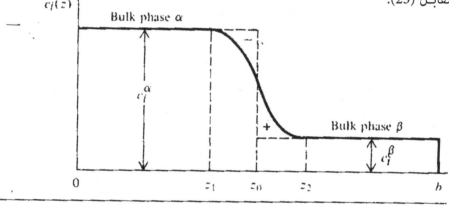

شكل (23)

التغير فى تركيز المكون (i) بتغير الإحداثى z

إذا بقى التجانس فى مقدار الوسطين α ، β حتى الوصول إلى سطح التقسيم عند z_0 فإن تركيز i يعطى بالخط العلوى الأفقى على يسار z_0 والخط السفلى الأفقى على يمين z_0. بنفس الطريقة المستخدمة لتوضيح أن:

$$n_i = \hbar \int_0^b c_i\, dz.$$

فإنه فى النظام النموذجى تكون كميات n_i^α ، n_i^β فى المعادلة هى عبارة عن $\hbar$ مضروبة فى المساحات أسفل وفوق الخطوط الأفقية على الترتيب.

لذلك فإن كمية الزيادة السطحية n_i^σ فى المعادلة (75) تساوى $\hbar$ مضروبة فى الفرق بين المساحة أسفل المنحنى $c_i(z)$ والمساحات تحت الخطوط الأفقية c_i^α ، c_i^β. هذا الفرق فى المساحة يساوى المساحة المظللة على يمين z_0 فى الشكل (23) مطروحا منها المساحة المظللة على يسار z_0 . فى الشكل (23) المساحات الموجبة والسالبة تقريبا تكون متساوية وعليه فإن n_i^σ تقريبا تساوى صفرا لهذا الإختيار لسطح التقسيم. إذا تحرك سطح التقسيم فى الشكل (23) إلى ناحية اليمين فإن المساحة السالبة ستزيد على المساحة الموجبة وبالتالى فإن n_i^σ تعتبر سالبة أما إذا تحرك سطح التقسيم ناحية اليسار فإن n_i^σ تصبح موجبة.

وبالمثل يمكن أن نوضح أن كلا من U^σ ، S^σ أيضا تعتمدان على موضع سطح التقسيم وحيث أن كلا من n_i^σ ، U^σ ، S^σ تعتمد على موضع سطح التقسيم فإن هذه القيم ليست عموما مقاسة فيزيائيا.

لابد أن نأخذ فى الإعتبار أن سطح التقسيم هى إفتراضية وليست متجهة لكى تمثل منطقة البين وسطية الحقيقية.

القانون الأول للديناميكيا الحرارية هو $dU = dq - dw$ للنظام المغلق لعملية إنعكاسية فإن $dq = TdS$

فى نظام ثنائى الصنف تعطى المعادلة:

$$dw_{rev} = -\ pdv + \gamma\ d\hbar$$

تعطى القيمة التالية:

$$dw_{rev} = -\ pdv + \gamma d\hbar$$

لذا نجد أن :

$$dU = TdS - pdv + \gamma d\hbar \quad \text{.. عملية إنعكاسية نظام مغلق} \qquad (76)$$

للنظام مستوى بينى المفتوح يتطلب الأمر كتابة ما يلى:

$$\sum_i \mu_i^\alpha \, dn_i^\alpha + \sum_i \mu_i^\beta \, dn_i^\beta + \sum_i \mu_i^\sigma \, dn_i^\sigma \, .. \qquad (77)$$

تضاف إلى العلاقة (76) حيـث أن μ_i^α، μ_i^β، μ_i^σ هى الجهود الكيميائية للصنف i فى أوسـاط α، β وعنـد سـطح التقسيم للنظـام النموذج. وعنـد الإتزان فإن:

$$\mu_i^\alpha = \mu_i^\beta = \mu_i^\sigma$$

نفرض أن μ_i · هو الجهد الكيميائى للصنف i فى أى مكان فى النظام. التعبيـر (77) يصيـر عند الإتزان كالتالى:

$$u_i \, dn_i^\alpha + \sum_i u_i \, dn_i^\beta + \sum_i u_i \, dn_i^\sigma = \sum_i u_i \, d(n_i^\alpha + n_i^\beta + n_i^\sigma) = \sum_i u_i$$

$$dn_i$$

وحيث أننا نستعمل المعادلة:

$$n_i = n_i^\alpha + n_i^\beta + n_i^\sigma$$

أو :

$$n_i^\sigma = n_i - n_i^\alpha - n_i^\beta$$

فلنظام مفتوح يتكون من صنفين عند الإتزان نحصل على المعادلة:

$$dU = TdS - pdV + \gamma d\hbar + \sum_i u_i \, dn_i \quad \text{(rev. proc, planar interphase)} \ldots \quad (78)$$

وجود الصنف البينى يؤدى إلى إستخدام $d\hbar \gamma$ فى dU

لكل من صنف α، β فى نموذج جبس نحصل على العلاقات التالية:

$$dU^{\cdot\cdot} = TdS^{\cdot\cdot} - pdV^{\cdot\cdot} + \sum_i u_i \, dn_i^\alpha \, , \quad dU^{\cdot} = TdS^{\cdot} - pdV^{\cdot} + \sum_i u_i \, dn_i^\beta \, .. \quad (79)$$

المعادلة (71) تعطى العلاقـة التاليـة :

$$dU^\sigma = dU - dU^{\cdot\cdot} - dU^{\cdot}$$

إستخدام المعادلتين (78) ، (79) بجانب العلاقات التاليـة :

$$dS^\sigma = dS - dS^{\cdot\cdot} - dS^{\cdot} \, , \quad dV = dV^{\cdot\cdot} + dV^{\cdot} \, , \quad dn_i^\sigma = dn_i - dn_i^\alpha - dn_i^\beta$$

تعطى العلاقة التالية:

$$dU^\sigma = TdS^\sigma + \gamma d\hbar^{\cdot} + \sum_i u_i \, dn_i^\sigma \quad \text{rev. proc} \qquad (80)$$

بتكامل المعادلة (80) لعملية يزيد فيها حجم نظام النموذج عند ثابت T ، P وعند تركيزات الأصناف مبتدأ من الحالة (1) ومنهية بالحالة (2) . تحت هذه الظروف فإن القيم المستقلة T ، γ ، μ_i ثوابت وتوضع خارج علاقة التكامل. لذا نجد أن :

$$\int_1^2 dU^\sigma = T \int_1^2 dS^\sigma + \gamma \int_1^2 d\hbar + \sum_i \mu_i \int_1^2 dn_i^\sigma \quad \text{const T, P, conc.}$$

$$U_2^\sigma \; U_1^\sigma = T (S_2^\sigma \; S_1^\sigma) + \gamma (\hbar_2 - \hbar_1) + \sum_i u_i (n_{i,2}^\sigma - n_{i,1}^\sigma)$$

نفرض أن الحالة الأولى (1) هى الحالة المحددة والناتجة من وصول الحجم للنظام النموذج إلى الصفر. جميع الخواص المستقلة فى هذه الحالة تساوى صفرا وعليه تحذف القيم المشار إليها بالرمز (1) والحالة (2) هى الحالة العامة ويحذف الرقم (2) ونحصل على العلاقة التالية:

$$U^\sigma = TS^\sigma + \gamma \hbar + \sum_i , u_i^\sigma \, n_i^\sigma \ldots\ldots\ldots \qquad (81)$$

المعادلة رقم (81) هى معادلة صحيحة لأى حالة فى النظام. التفاضل الكلى للعلاقة (81) يكون كالتالى :

$$dU^\sigma = TdS^\sigma + S^\sigma dT + \gamma d\hbar + \hbar d\gamma + \sum_i u_i \, dn_i^\sigma + \sum_i n_i^\sigma \, d\mu_i \qquad (82)$$

بمساواة الطرف الأيمن للمعادلتين (80) ، (81) نحصل على :

$$S^\sigma dT + \hbar d\gamma + \sum_i n_i^\sigma \, d\mu_i = 0 \ldots\ldots \qquad (83)$$

المعادلة (83) هى مشابهة لمعادلة جبس دوهيم. وهى للسطوح الأصناف الإفتراضية فى نموذج جبس للنظام وهى:

$$\sum_i n_i \, d\mu_i - \sum_i n_i \, d\overline{G}_i = 0 \quad \text{const T, P}$$

فعند درجة حرارة ثابتة (T ثابتة) تصير المعادلة (83) كالتالى:

$$\hbar d\gamma = - \sum_i n_i^\sigma \, d\mu_i$$

والتى تسمى إيزوثيرم الإدمصاص لجبس.

تركيز (الزيادة) السطحى Γ_i^σ (جاما) للمكون i يحدد بالعلاقة التالية:

$$\Gamma_i^\sigma = n_i^\sigma / \hbar \;.... \qquad (84)$$

ويعبر أيزوثيرم الإدمصاص لجبس كاللآتى

$$d\gamma = - \sum_i \Gamma_i^\sigma d\bullet_i \text{ const } T \;... \qquad (85)$$

كما لوحظ حديثا فإن $n_i^{\sigma,s}$ (وبالتالى $\Gamma_i^{\sigma,s}$) تعتمد على إختيار سطح التقسيم وليست كميات مقاسة عمليا وللحصول على كميات لها معنى فيزيائيا نختار سطح تقسيم معين ونرمز له بالرمز $\Gamma_i^{\sigma,s}$. سطح التقسيم المختار هو ذلك السطح الذى يجعل n_i^σ (وبالتالى Γ_i^σ) يكون صفرا حيث المكون (1) هو أحد المكونات للنظام وفى الغالب يكون هو المذيب. نفرض أن $\Gamma_{i(1)}^\sigma$ هو الإدمصاص النسبى للمكون i بالنسبة للمكون (1). يلاحظ أن قيمة Γ_i^σ n $_i^\sigma$/$\hbar$= وذلك لسطح التقسيم الذى يجعل n $_i^\sigma$0=. نجد أن $\Gamma_{i(1)}$ هو دالة للقيم التاليةC_i^α ، C_i^β ، C_1^α ، C_1^β ، n_i ، n_1 ، $\hbar$ والحجم v. جميع هذه القيم هى خواص مقاسة عمليا للنظام الحقيقى ولا تعتمد على وضع سطح التقسيم الإفتراضى. لذا كانت القيمة $\Gamma_{i(1)}$ تقاس عمليا. ولسطح التقسيم الذى يجعل n_i^σ ، Γ_i^σ صفرا فإن أيزوثيرم الإدمصاص لجبس (85) يصير كالتالى:

$$d\gamma = - \sum_{i=1} \Gamma_{i(1)} d\mu_i \text{ (const T) } ... \qquad (86)$$

كل القيم فى هذه المعادلة يمكن قياسها عمليا.

ومن التطبيقات الهامة لإيزوثيرم الإدمصاص لجبس على الأنظمة المكونة من صنفين والذى فيه يكون تركيزات المكونات (1)، (i) فى الصنف β تكون صغيرة جدا عنها فى الصنف α بمعنى أن : $C_1^\beta << C_1^\alpha$ ، $C_i^\beta << C_i^\alpha$. الأمثلة على هذه الأنظمة تتضمن (a) نظام

السائل- البخار التى فيها المذيب (1) والمذاب (i) للصنف α تكون غير ذائبة فى الصنف β. (b) نظام الصلب -السائل والتى فيها المذيب (1) والمذاب (i) للسائل غير ذائبين فى الصلب (هذه الحالة تكون هامة فى الكيمياء الكهربية). لهذه الأنظمة نجد أن:

$$\Gamma_{i(1)} = \frac{n_1^s}{\hbar} \left(\frac{n_i^s}{n_1^s} - \frac{n_{i,\,bulk}^\alpha}{n_{1,\,bulk}^\alpha} \right) \text{ when } C_i^\alpha >> C_i^\beta >, > C_1^\alpha >> C_1^\beta \,.. \quad (87)$$

حيث أن n_1^s ، n_i^s هى أعداد مولات المواد (i) ، (1) فى المنطقة البينية للنظام الحقيقى (ليست النظام النموذجى) $n_{i,\,bulk}^\alpha$ ، $n_{1,\,bulk}^\alpha$ هى أعداد مولات كل من (i)، (1) فى مقدار الصنف α للنظام الحقيقى. عندما تكون قيمة الإدمصاص النسبى $\Gamma_{i(1)}$ للمذاب (i) موجبة، فإن نسبة كمية المذاب إلى كمية المذيب (n_i^s / n_1^s) فى المنطقة البينية للنظام تكون أكبر من النسبة المقابلة $n_{i,\,bulk}^\alpha / n_{1,\,bulk}^\alpha$ وذلك فى قلب الصنف α والمكون (i) يقال عنه أنه مدمص بالموجب على المنطقة البينية شكل (23). عندما تكون $\Gamma_{i(1)}$ سالبة يقال عن i أنه ممدمص بالسالب على المنطقة البينية. ويعرف الإدمصاص (الإمتزاز) بأنه تواجد المكون بكمية كبيرة فى المنطقة البينية مقارنة بالوسط (المنطقة الواقعة فى بطن السائل).

إذا أخذنا معنى $\Gamma_{i(1)}$ فى الإعتبار فإننا نعود إلى أيزوثيرم جبس للإدمصاص فللنظام المكون من مكونين فإن المعادلة (86) تقرأ هكذا:

$$d\gamma = -\Gamma_{2(1)} \, d\mu_2 \quad \text{(const T. binary syst.)} \quad \dots \quad (88)$$

على الأقل واحد من الصنفين إما أن يكون صلب أو سائل. ممكن أن نسمى هذا الصنف α. فلهذا الصنف نطبق المعادلة التالية:

$$\mu_2 = \mu_2^{0,\alpha}(T, P) + RT + \ln a_2^\alpha$$

إعتماد الضغط على $\mu_2^{0,\alpha}$ يكون ضعيفا للصنف المكثف. ونجد أن الشد السطحى يقاس فى الغالب فى وجود الهواء عند ضغط ثابت

قدره 1 جو. وعليه فعند درجة حرارة ثابتة T ممكن إستعمال العلاقة : $= du_2^{\alpha}$ $RTd\ell n\, a$ وتصير العلاقة (88) كالتالى:

$$\Gamma_{2(1)} = -\frac{1}{RT}\left(\frac{\partial \gamma}{\partial \ell n a_2^{\alpha}}\right)_T \quad \text{binary syst.} \qquad (89)$$

إذا إستعملنا معيار التركيز المولارى للمذاب (2) فإن فعاليته فى الصنف (α) هو:

$$a_2^{\alpha} = \gamma_{C,2}\, C_2^{\alpha} / C^{o}.$$

إذا كان الوسط (α) مخفف لدرجة كافية بحيث نعتبره مخفف نموذجى فإن:

$$a_2^{\alpha} = C_2^{\alpha} / C^{o}.$$

حيث أن: $C^{o} \equiv 1\ mol/dm^3$

وتعتبر المعادلة (89) كالتالى:

$$\Gamma_{2(1)} = -\frac{1}{RT}\left(\frac{\partial \gamma}{\partial \ell n(C_2^{\alpha} / C^{o})}\right)_T \quad \text{binary syst., ideally dil.soln.} \qquad (88)$$

ميل المنحنى الناتج من رسم العلاقة بين الشد السطحى للمحلول γ و($\ell nC_2^{\alpha}/C^{o}$) عند درجة الحرارة المستخدمة يساوى $RT\,\Gamma_{2(1)}$- ويسمح بحساب $\Gamma_{2(1)}$. إذا كان المحلول ليس مخففا بالدرجة الكافية فإن قيم معامل الفعالية تكون مطلوبة لإيجاد $\Gamma_{2(1)}$. المعادلة (88) تبين أن $\Gamma_{2(1)}$ تكون موجبة إذا قل الشد السطحى بزيادة تركيز المذاب وتكون سالبة إذا إزدادت γ بزيادة التركيز C_2^{α}. يمكن متابعة سلوك المذابات (المواد الذائبة) فى المحاليل المائية المخففة وتنقسم إلى ثلاث أنواع شكل (23) Type (1): المذاب ينتج زيادة بسيطة فى γ بزيادة التركيز والمثال على ذلك هو معظم الأملاح الغير عضوية والسكروز. الزيادة فى γ بزيادة تركيز المذاب يمكن تفسيره على أساس أن زيادة فرصة التجاذب بين الأيونات المختلفة. الشحنة فى قلب الصنف مقارنة بالطبقة السطحية يقلل

عدد الأيونات فى الطبقة السطحية ويزيد تبعا لذلك سالبية الإدمصاص γ فى (Type II). المذاب يعطى إنخفاض ثابت وحقيقى فى γ بزيادة التركيز. الأمثلة على ذلك هى معظم المركبات العضوية التى تذوب بقلة فى الماء. والمواد العضوية التى تذوب فى الماء عادة تحتوى على جزء قطبى (المثال هو مجموعتى COOH،OH) وجزء غير قطبى هو جزء الهيدروكربون. هذه الجزئيات تميل إلى التجمع فى الطبقة السطحية حيث تحور نفسها بحيث تكون الأجزاء القطبية تتجه ناحية وتتفاعل مع (تتداخل) جزئيات الماء القطبية فى بطن المحلول وتتجه أجزاءها غير القطبية خارج بطن المحلول. الإدمصاص الموجب الناتج يقلل γ.

أما النوع الثالث (type III) من المذابات فإن γ تظهر إنخفاضا سريعا متبوعا بثبات مفاجئ كلما زاد التركيز (للمواد الذائبة) تشتمل الأمثلة على ذلك: أملاح الأحماض العضوية ذات السلسلة المتوسطة الطول (الصابون $RCOO^-NO^+$)، أملاح كبريتات الأكليل ($ROSO_2\ O^-Na^+$)، أملاح الأمين الرباعية $[(CH_3)_3RN^+Cl^-]$،أملاح الأكليل السلفوناتية ($RSO_2O^-Na^+$) ، ومركبات البولى أكس إيثيلين $[R(OCH_2CH_2)_nOH]$ حيث تتراوح n من (5) إلى (15). المواد من النوع الثالث تمتز بقوة على السطح [الثبات الواضح فى قيمة γ يحدث عند التركيز الحرج للميسيل]

المذاب الذى يخفض الشد السطحى بدرجة كبيرة يسمى مادة ذات نشاط سطحى أو سيرفاكتانت. المذابات من النوع الثالث تعمل كمنظفات ومواد ذات نشاط سطحى واضح وفيها تخفض الشد السطحى من 72 إلى 39 dyn/cm فى تركيز قدره $0.008 mol/dm^3$ من المحلول المائى للمركب $[CH_3(CH_2)_{11}OSO_2O^-Na^+]$ عند درجة 25^oC الإنخفاض فى قيمة γ تساعد على إزالة الأوساخ الدهنية من السطوح العملية.

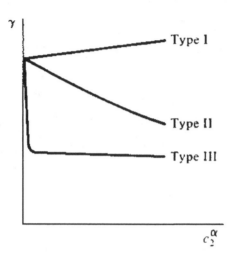

(شكل 24) منحنيات توضح العلاقة بين الشد السطحى γ وتركيز المحلول المائى للمذاب

*****

الأسئلـــة

1- أذكر التقنيات المستخدمة لتقدير أحجام وأشكال الجزيئات الكبيرة ؟

2- تكلـم عـن قياسـات الضـغط الأسـموزى لتقـدير الكتـل المولاريـة للجزيئـات الضخمة؟

3- إشرح الأسباب التى جعلت محاليل الجزيئات الضخمة غير مثالثة وبين حساب حجم الإنحرافات ؟

4- أكتب عـما يـلى: حـرارة ثيتـا - المحاليـل أحاديـة التشـتت - المحاليـل عديـدة التشتت - البولى إلكتروليتات - الديلزة ؟

5- قارن بين المتوسط العددى والمتوسط الكتلى للكتل المولارية ؟

6- تكلم عن تأثير دونان وإستنتج تعبيرات عن تأثير القـوى الأيونيـة عـلى الإتـزان الأسموزى ؟

7- إشرح عملية الطرد المركزى الفوقى ووضح العلاقة بين سرعة الترسب والأشكال والكتل المولارية للجزيئات الضخمة ؟

8- فسر كيفية الحصول على الكتل المولارية من حسابات الإتزانات بالترسب ؟

9- إشرح أساسيات وتطبيقات الإلكتروفوريسيز وترشيح الحبل ؟

10- عرف اللزوجة الذاتية، بين كيفية قياسها واشرح معناها ؟

11- ناقش تطبيقات قياسات التشتت الضـوئى لتحديـد الأشـكال والكتـل المولاريـة للجزيئات الضخمة ؟

12- إشرح معنى المقاطع التالية: التركيب الأولى والثانويى والثالثى وإزالة الطبيعـة للبروتينات ؟

13- أوصف التركيـب الحلـزونى العشـوائى للجزيئـات، إربـط بـين الحجـم والتركيـب للجزئ وإشرح دور الأنتروبى التركيبى ؟

14- صف طبيعة الروابط الببتيدية ودورها فى تقدير التركيب الثانوى للبروتينات ؟

15 - عرف المحلول الغروى وقارن بين الصول والأيروصول والمستحلب. وقارن بين الأصناف الليوفوبية والليوفيلية ؟

16 - إشرح طرق تضحير وتنقية المحاليل الغروية ؟

17 - وضح ما هو المقصود بالميسيلة والتركيز الحرج للميسيلة وأهمية الميسيلات ؟

18 - تكلم عن ثبات المحاليل الغروية بالإشارة إلى الطبقة المزدوجة الكهربية. وإشرح قاعدة شولتز - هاردى ونقطة تساوى الجهد الكهربى ؟

19 - إشرح ما هو المقصود بالزيادة السطحية وإشتق معادلة جبيس للشد السطحى؟

*****

مسائل عامة على الكتاب

1-تحتوى معلق على عدد متساوى من الدقائق بأوزان جزيئية 10000 ، 20000. إحسب كلا من $\overline{M}_N$، $\overline{M}_m$. يحتوى معلق آخر على دقائق ذات كتل متساوية بأوزان جزيئية 10000 ، 20000. إحسب كلا من $\overline{M}_N$، $\overline{M}_m$؟

2-القيم التالية حصلنا عليها للضغوط الأسموزية لمادة النيتروسيليولوز فى الأسيتون عند 20oC ؟

$C(g.dm^{-3})$	1.16	3.66	8.38	19.0
π (cm H_2O)	0.62	2.56	8.00	25.4

احسب القيمة المحدودة للنسبة π/C ومن ثم إحسب $\overline{M}_N$ ؟

3-إشتق العالم هيوجين المعادلة التالية للضغط الأسموزى π لمحلول بوليمر كدالة لتركيز المذاب C_2:

$$\frac{\pi}{C_2} = \frac{RT}{M_2} + \frac{RT\rho_1}{M_1\rho_2^2}\left(\frac{1}{2} - \xi\right)C_2 + \frac{RT\rho_1}{3M_1\rho_2^3}\,C_2^2 + \ldots$$

حيث أن ρ_1، ρ_2 هى كثافات المذيب والمذاب،M_1 هى الكتلة المولارية للمذيب.

وأن M_2 هى المتوسط العددى للكتلة المولارية للبوليمر ξ هى ثابت التداخل للمحلول. وقد وردت قيم عن طريق العالم باون وآخرين تبين أنه عند إدخال قيم الثوابت عند $25^{o}C$ تصير معادلة هيوجين كالتالى:

$$\frac{\pi}{C_2} = \frac{RT}{M_2} + 2.03 \text{ x } 10^5\left(\frac{1}{2} - \xi\right)C_2 + 6.27 \text{ x } 10^4\, C_2^2 + \ldots$$

حيث أن π يعبر عنها بوحدات $g.cm^{-2}$ ، C_2 بوحدات $g.cm^{-3}$ وأن ρ_2 =$1.080 gm.cm^{-3}$. وكانت القراءات لعينة واحدة من البولى ستارين هى كالتالى:

10^3C_2	1.55	2.56	2.93	3.80	5.38	7.80	8.68
π	0.16	0.28	0.32	0.47	0.77	1.36	1.60

إرسم هذه العلاقات على هيئة خط مستقيم وعين كلا من قيم M_2، ξ

4-إثبت أن متوسط الجذر التربيعى من نهاية إلى نهاية الطول فى سلسلة بوليمر خطى وذلك بدوران حر حول الروابط للسلسلة هى $R^2 = Na^2$ حيث أن N هى عدد الروابط لطول قدره a. وعليه إحسب متوسط الجذر التربيعى من نهاية إلى نهاية لجزئ بوليمر على هيئة سلسلة M للجزئ هى 10^5 ؟

5-فى محلول هيموجلوبين الحصان المذاب فى الماء عند $20^{o}C$ فإن:

$D = 6.3 \times 10^{-7}\ cm^2.\ s^{-}$,

$s = 4.41 \times 10^{-3}\ s$ ،

$V = 0.749\ cm^3.\ g^{-1}$ ،

$\rho = 0.9982\ g.cm^{-3}$

إحسب الوزن الجزيئى ؟

6-اللزوجة منسوبة إلى المذيب النقى لجزء من البولى ستايرين $\overline{M}_N$ له هى 280000 مذابة فى تترالين عند $20^{o}C$ هى:

conc,(%)	0.01	0.025	0.05	0.10	0.25
η_γ	1.05	1.12	1.25	1.59	2.70

إحسب الأس α فى معادلة ستاودنجر. وعليه إحسب اللزوجة النسبية لمحلول 0.10 من البولى ستايرين $\overline{M}_N$ لها هى 500000 فى نفس المذيب ؟

7-اللزوجة النسبية لمحلول يحتوى على 1.00gm من البوليمر مذاب فى $100cm^3$ هى 2.800. وفى محلول تركيزه نصف تركيز السابق تكون اللزوجة النسبية هى 1.800.

(a) إحسب اللزوجة الحقيقية (على فرض أن الرسم البيانى يعطى خط مستقيم ثم أحسب الجزء المقطوع بالخط) ؟

(b) إذا كانت قيم a ، k فى معادلة مارك - هونيك هى على التوالى $5.00x10^{-4}$ ، 0.600. إحسب الوزن الجزيئى للبوليمر ؟

8- معامل الإنتشار لجزئ الإنسولين فى الماء عند $20^{o}C$ هـو 8.2×10^{-7} $cm^2.s^{-1}$. إحسـب متوسط الزمن اللازم لجزئ إنسولين لإنتشاره خـلال مسـافة تسـاوى قطر الخليـة الحية، حوالى $10\mu m$؟

9- إحسب القيمة الأكثر إحتمالا لطول السلسلة لجزئ $C_{20}H_{42}$ حيث أن طول الرابطة $C-C$ هو $0.15nm$ وزاوية الرابطة هى 109° $28'$ ؟

10- لمحلـول ثلاثـى نتـرات السليولـوز ($M_r=140000$) فى الأسيتـون، فـإن $dn/dc=0.105cm^3.g^{-1}$ وأن $n_o=1.3589$. إحسب نسبة شدة الضوء المنبعث إلى الضوء الساقط عند أطوال موجبة قدرها 400، $700nm$ من خـلال محلـول سـمك الخلية لـه هـى $1.00cm$ وذلك لبوليمر يحتوى على $2.00gm/100cm^3$ ؟

11- فى دراسة إلكتروفوريتية لمحلول مـائى للبروتين إتضح أن هنـاك نوعـان مـن البروتين وذلك بقيم $Mr=60000$، 120000. فى محلول يحتوى على 1.76% مـن البروتين بالوزن عند $25^{o}C$ فإن قيمـة (n) للبروتـين الكبيـر تكـون 1.56 مـرة قـدر تلـك التى للبروتين الصغيـر.

(a) إحسـب $\overline{M}_N$، $\overline{M}_m$ للبروتين فى المحلول ؟

(b) إحسب لزوجة المحلول وذلك علـى إعتبـار أن جزئيـات البروتـين تتصرف كأنها كرات صلبة كثافتها $1.290g.cm^{-3}$ ؟

(c) إحسب نسبة معاملات الترسيب (s) للبروتين ؟

12- إفرض أن لدينا وزن موضوع على شريط مطاطى بحيث تحفظه تحت قوى شد ثابتة. إذا سخنا شريط المطاط بعد ذلك هل سينخفض الوزن أم سيرتفع. إعطى إجابة ثرموديناميكية ثم حاول إجراء تجربـة ؟

13-الضغوط الأسموزية لمحاليل من البولى ستايرين فى الطولوين قيست عند $25^{o}C$ بالنتائج التالية :

$Cp/mg\ cm^{-3}$	3.2	4.8	5.7	6.9	7.8
h/cm	3.11	6.22	8.40	11.73	14.90

حيث h هو إرتفاع المحلول الذى كثافته هى $0.867gcm^{-3}$ المقابلة للضغط الأسموزى. إحسب الكتلة المولارية، .R.M.M للبوليمر برسم العلاقة بين h/Cp، .Cp

14-الضغط الأسموزى لجزئ من البولى فينيل كلوريد فى الكيتون يتشتت عند $25^{o}C$ وكانت كثافة المذيب (التى تساوى كثافة المحلول) هى $0.798gcm^{-3}$. إحسب الكتلة المولارية والمعامل B لهذا الجزئ من القراءات التالية:

$Cp/(g/100cm^{3})$	0.200	0.400	0.600	0.800	1.000
h/cm	0.48	1.12	1.86	2.76	3.88

15-إحسب المتوسط العددى .R.M.M ، والمتوسط الكتلى .R.M.M لخليط يتكون من كميتين متساويتين من نوعين من البوليمر أحدهما له Mr = 62000 والآخر هو Mr=78000 ؟

16-فى عملية بلمرة نتجت توزيع جاوسيان للبوليمرات بمعنى أن نسبة الجزئيات التى لها R.M.M فى المدى Mr إلى Mr+dMr منسوبة إلى $\exp\{-(Mr-\overline{Mr})^{2}/2\Gamma\}dMr$ ما هو المتوسط العددى والمتوسط الكتلى .R.M.M عندما يكون التوزيع فى مدى ضيق ؟

17-إحسب الحجم المستبعد وذلك بتعبير الححجم الجزيئى على أساس أن الجزئيات كرات قطرها a. إحسب المعامل الأسموزى فى حالة فيروس بشى ستانت حيث a ≈ 32nm ؟، الهيموجلوبين حيث a≈14.0nm

18-إحسب نسبة المساهمة إلى الضغوط الأسموزية لواحد جرام / $100\ cm^3$ من فيروس بشى ستنت ($Mr \approx 1.07x10^7$) . والهيموجلوبين $Mr \approx 66500$ ؟

19-نصف القطر المؤثر لحلزون عشوائى a_{eff} مرتبط بنسف القطر التدويرى Rg بالعلاقة $a_{eff} \approx \gamma\ Rg$ بالقيمة $\gamma \approx 0.85$. إحسب تعبير المعامل أسموزى B وذلك معبرا عنه بعدد وحدات السلسلة وذلك لـ (a) سلسلة متصلة بحرية. (b) سلسلة بزوايا رباعية الأوجه. إحسب B لقيمة $\ell = 154$ pm، $N=4000$ ؟

20-إحسب المعامل الأسموزى B وذلك لسلسلة بولى إثيلين حلزون عشوائى لها R.M.M ، ثم إحسبها لـ $Mr = 56000$ ؟

21-مع الأخذ فى الإعتبار تأثير إضافة الملح $(M^+)_2\,X^{2-}$ إلى المحلول للبولى إلكتروليتى $(M^+)_\nu P^{\nu-}$. أوجد تعبير للفروق فى تركيزات الأيونات على جانبى غشاء منفذ لكل شئ ما عدا البولى أنيون ؟

22-وضح أن النسبة $[Na^+]_L/[Na^+]_R$ فى إتزان دونان يساوى $x+(1+x^2)^{1/2}$ حيث أن $\gamma=\nu[P]/2[Na^+]_R$ ثم إرسم النسبة كمعامل لتركيز البولى إلكتروليت ؟

23-إحسب سرعة التشغيل فى (r.p.m.) ذلك لجهاز الطرد المركزى الفوقى المطلوبة للحصول على تدرج تركيزى مقاس فى تجربة إتزان الترسيب على إعتبار أن التركيز فى قاع الخلية 5 مرات أكبر منه عند القمة. إستخدم $r_{top} = 5.0$ cm ، $r_{bottom} = 7.0$cm ، $Mr \approx 10^5$ ، $\rho v_s \approx 0.75$ ، $T=25^oC$ ؟

24-فى تجربة للطرد المركزى الفوقى عند 20^oC على سيرم البيومين بوفين حصلنا على النتائج التالية:

$$\rho = 1.001g\ cm^{-3}\ ,\ V_5 = 1.112\ cm^3\ g^{-1}$$

$$\omega / 2\pi = 322Hz.$$

γ / cm	10	11	12	13	14
C/gdm-	0.535	0.469	0.406	0.347	0.294
3	4	5	7	9	0

ما هى قيمة Mr ؟

25- فـى دراسـة على الترسيـب على الهيموجلوبيـن فى المـاء أعطت ثابـت ترسيب S=4.5 $x\ 10^{-13}$s عند 20°C . معامـل الإنتشـار هـو $6.3x10^{-7}cm^2s^{-1}$ عنـد نفـس درجـة الحرارة. إحسب الكتلة المولارية للهيموجلوبين بإستخدام ν_s=0.75 cm^3g^{-1} وذلك للحجم النوعى الجزئى، كثافة المحلول ρ هى 0.9989 cm^{-3} ؟

26- إحسب نصف القطر التأثيرى لجزئ الهيموجلـوبين وذلـك بـدمج النتـائج فى المسـألة السابقة بمعلومـة لزوجة المحلول وهى :

$1.0\ x\ 10^{-3}$ kg m^{-1} s^{-1}

27- معامل الإنتشار لألبيومين سيريوم بوقين بيضاوى مفلطح هو $6.97x10^{-7}cm^2s^{-1}$ عند 20°C ، وكان الحجـم النوعـى الجزئى هـو $0.734cm^3g^{-1}$ ، وثابـت الترسيب هــو $5.0x10^{-13}$s فـى محلـول كثافتــه هـى $1.0023gcm^{-3}$ ولزوجتـه هــى $1.00x10^{-3}$ kg m^{-1} s^{-1} . إحسب أبعاده ؟

28- سرعة ترسـيب البروتـين المفصـول حـديثا قيسـت عنـد 20°C بسرعـة دوران 50000 r.p.m وكانت القياسات كما يلى :

t/s	0	300	600	900	1200	1500	1800
r/cm	6.127	6.153	6.179	6.206	6.232	6.258	6.284

إحسب ثابت الترسيب S والكتلة المولارية للبروتين على أسـاس أن الحجـم النـوعى الجـزئى (والمقـاس فى البكنـوميتر) هـو 0.728 cm^3 g^{-1} ومعامـل الإنتشـار هـو $7.62x10^{-7}cm^2s^{-1}$عنــد 20°C وكانت كثافة المحلول هى: 0.9981 g cm^{-3}؟

29-إقترح شكل جزئ البروتين الوارد فى المثال السابق على أساس أن لزوجة المحلول هى 1.00×10^{-3} kg m^{-1} s^{-1} عند 20°C.

30-اللزوجة للمحاليل من البولى أيزوبيوتيلين فى البنزين مقاسة عند 24°C (θ - درجة الحرارة θ للنظام) وكانت النتائج كما يلى :

C/(g/100 cm^3)	0	0.2	0.4	0.6	0.8	1.0
$\eta/10^{-3}$ kg m^{-1} s^{-1}	0.647	0.690	0.733	0.777	0.821	0.865

على أساس المعلومات الواردة فى جدول (10) .

إحسب R.M.M. للبوليمر. ؟

31-إحسب نصف قطر الحركة التدويمية لـ (a) كرة صلبة نصف قطرها a، (b) قضيب مستقيم طويل نصف قطره a وطول ℓ. وضح أنه فى حالة الكرة الصلبة يكون الحجم النوعى ν_s، $Rg/nm \approx 0.056902 \left\{(\nu_s/Cm^3g^{-1})Mr\right\}^{\frac{1}{2}}$.

إحسب Rg لصنف Mr له هو 100000، ν_s=0.75 cm^3 g^{-1} فى حالة قضيب نصف قطره 0.5nm ؟

32-على أساس المعلومات الواردة فى المسألة وتعبير Rg للصلب الكروى المشتق فى المسألة (31). صنف الأصناف التالية على أساس أنها شبيهة بالشكل الكروى أو الشكل القضيبى

	Mr	Vs/cm^{3}g^{-1}	Measured Rg/nm
Serum albumin	**66 x 10^3**	**0.752**	**2.98**
Bushy stunt virus	**10.6 x 10^6**	**0.741**	**12.0**
DNA	**4 x 10^6**	**0.556**	**117.0**

بتجارب - جلوتاميت)L - بنزيل - 33γ-فى مذيب الفورماميد وجد أن البولى (، أما البولى Mrالتشتيت الضوئى أنها لها نصف قطر الحركة التدويمية تتناسب مع . أذكر تقريرا $Mr^{1/2}$ له تتناسب مع Rgستايرين المذاب فى البيوتانون فإن يوضح أن البوليمر الأول شكله عبارة عن قضيب صلب أما البوليمر الثانى فيكون حلزون عشوائى ؟

34-قدر زمن الإرتباط التدويرى لألبيـومين سـيريوم فى المـاء عنـد $25^{o}C$عـلى أسـاس كـرة نصف قطرهـا 3.0nm. مـا هـى القيمـة لرابـع كلوريـد الكربـون فى رابـع كلوريـد الكربون عند $25^{o}C$ على أساس أن $[a (C.Cl_4) = 250\ Pm]$ ؟

35-نحـن الآن نولى إهتماما للوصف الثرموديناميكى لشـد المطـاط. الملاحـظ هـو الشـد t والطول ℓ (مثل V ، P للغازات). حيث أن $dw = td\ell$. فـإن المعادلـة الأساسيـة هـى $dU=TdS + td\ell$ (على فرض إهمال القيمة pdv). إذا كانت $G=U-TS-t\ell$. أوجد تعبيرا لكل من dG ، dA^{-}. ثم إستنتج علاقـات ماكسويل:

$$(\partial S / \partial \ell)_T = - (\partial b / \partial T)_\ell ,$$

$$(\partial S / \partial t)_T = - (\partial \ell / \partial T)_t$$

36-إستمرار للتحليل الثروموديناميكى إستنتج المعادلة الحالة للمطاط:

$$(\partial U / \partial \ell)_T = t - T (\partial t / \partial T)_\ell$$

37-الشد السطحى لمجموعة من المحاليل المائية لمادة ذات نشاط سطحى المقاسة عند $20^{o}C$. النتائج كالتالى:

[A]mol dm^{-3})	**0**	**0.10**	**0.20**	**0.30**	**0.40**	**0.50**
γ/m N m^{-1}	**72.8**	**70.2**	**67.7**	**65.1**	**62.8**	**59.8**

احسب التركيز الزيادة السطحية ؟

38-قيم الشد السطحى π الذى تعمله المادة ذات النشاط السطحى فى المسألة السـابقة. ثم إثبت إمكان تطبيق العلاقة:

$$\pi\sigma = n_D^{(\sigma)} RT$$

39-التوترات السطحية لمحاليل مائيـة للأملاح أكثر من تلك الخاصـية بالمـاء النقـى. هـل يتجمع الملح عند السطح ؟

40-التوترات السطحية لمحاليل الأملاح فى الماء عند تركيزات (c) يمكن التعبير عنها بالقيمة:

$$\gamma = \gamma^{*} + (C/\ mol\ dm^{-3})\ \Delta\gamma.$$

قيم $\Delta\gamma$ عند $20^{o}C$ عند المنطقة الملامسة لـ $C = 1\ mol\ dm^{-3}$ هى على التوالى كما يلى:

$\Delta\gamma\ /\ mNm^{-1} = 1.4\ (KCl),$

$1.64\ (NaCl)$

$2.7\ (Na_2\ CO_3)$

احسب تركيزات الزيادة السطحية عندما يكون التركيز للمحلول فى الداخل هو $1\ mol\ dm^{-3}$ ؟

*****

Appendix 1

Common prefixes used in the Metric Systems

Prefix	Multiple	Symbol
Deci	10^{-1}	d
centi	10^{-2}	c
milli	10^{-3}	m
micro	10^{-6}	•
nano	10^{-9}	η
pico	10^{-12}	p
deca	10	da
hecto	10^{2}	h
kilo	10^{3}	k
mega	10^{6}	M
giga	10^{9}	G
Tera	10^{12}	T

Appendix 2

Physical Constants

Speed of light	=	$2.997 \times 10^{8} \ ms^{-1}$
Boltzmann constant k	=	$1.380 \times 10^{-23} \ JK^{-1}$
Planck's constant (h)	=	$60625 \times 10^{-34} \ Js$
Avogadro constant (N)	=	$6.022 \times 10^{23} \ mol^{-1}$
Gas constant (R)	=	$8.314 \ HJ^{-1} \ mol^{-1}$
		$1.987 \ cal \ K^{-1} \ mol^{-1}$
		$82.053 \ cm^{3} \ atm \ K^{-1} \ mol^{-1}$

1 angstrom (Å)	=	$10^{-10}m = 10^{-8}cm = 10^{-4} \cdot m = 10^{-1}nm$
1 litre (1) $= 10^{-3} m^3$	=	$1 \ dm^3 = 10^3 \ cm^3$
In x	=	$2.303 \log_{10} x$
Bohr's radius a_0	=	0.52918 (Å)

Appendix 3

Activity coefficient γ or f of ions at different ionic strengths

Ionic strength Of solution	Charge of ion Z		
	± 1	± 2	± 3
0.001	0.98	0.78	0.73
0.002	0.97	0.74	0.66
0.005	0.95	0.66	0.55
0.01	0.92	0.60	0.47
0.02	0.90	0.53	0.37
0.05	0.84	0.50	0.2J
0.1	0.8J	0.44	0.16
0.2	0.80	0.41	0.14
0.3	0.81	0.42	0.14
0.4	0.82	0.45	0.17
0.5	0.84	0.50	0.21

Appendix 4

Solubility product K_{sp} of sparingly soluble electrolytes at 25°C

AgCl	1.8×10^{-10}
Ag_2CrO_4	4.0×10^{-12}
Ag_2SO_4	2×10^{-5}
$PbCl_2$	2×10^{-5}
$PbBr_2$	9.1×10^{-6}
PbI_2	8.0×10^{-9}
$PbCrO_4$	1.8×10^{-14}
$Cu(OH)_2$	2.2×10^{-20}
$Cd(OH)_2$	2×10^{-14}
$Fe(OH)_2$	1×10^{-15}
$Fe(OH)_3$	3.8×10^{-38}

Appendix 5

SI base units		SI derived units		
Meter	m	Newton	N	$kg\ m/sec^2$
Kilogram	Kg	Pascal	Pa	N/m^2
Second	s (sec)	Joule	J	$kg\ m^2/sec^2$
Ampere	A	Watt	W	J/sec
Kelvin	K (°K)	Coulomb	C	A sec
Mole	mol	Volt	V	$J\ A^{-1}\ sec^{-1}$
		Ohm	Ω	V/A
		Siemens	S	$Ω^{-1}$
		Faraday	F	A sec/V
		Hertz	Hz	sec^{-1}

Other units

Angstrom	Å	10^{-8}
Atmosphere	atm	101.325 N/m^2
Bar	bar	10^5 N/m^2
Calorie	cal	4.184 J
Dyne	dyn	10^{-5} N
Erg	erg	10^{-7} J
Inch	in	2.54 cm
Millimeter of Mercury	mmHg (Torr)	$13.5951 \times 980.665 \times 10^{-2}$ N/m^2
Pound	Ib	0.4535025 kg

Appendix 6

Conversion Factors for Electromagnetic Radiation,
(To convert data in units of x shown in the first column to the units indicated in the remaining columns, multiply or divide as shown).

Units of x	Frequency Hz	Wave -number cm^{-1}	Energy			Wave-length, cm
			kcal/mol	erg	eV	
Hz	$1.00\,x$	$3.34\times 10^{-11}\,x$	$9.54 \times 10^{-14}\,x$	$6.63 \times 10^{-27}\,x$	$4.14 \times 10^{-15}\,x$	$\dfrac{3.00 \times 10^{10}}{x}$
cm^{-1}	$3.00 \times 10^{-10}\,x$	$1.00\,x$	$2.86 \times 10^{-3}\,x$	$1.99 \times 10^{-16}\,x$	$1.24 \times 10^{-4}\,x$	$\dfrac{1.00}{x}$
kcal/mol	$1.05\times 10^{13}\,x$	$3.50 \times 10^{2}\,x$	$1.00\,x$	$6.95 \times 10^{-14}\,x$	$4.34 \times 10^{-2}\,x$	$\dfrac{2.86 \times 10^{-3}}{x}$
erg	$1.51\times 10^{26}\,x$	$5.04 \times 10^{15}\,x$	$1.44 \times 10^{13}\,x$	$1.00\,x$	$6.24 \times 10^{11}\,x$	$\dfrac{1.99 \times 10^{-16}}{x}$
eV	$2.42\times 10^{14}\,x$	$8.07 \times 10^{3}\,x$	$2.31 \times 10^{1}\,x$	$1.60 \times 10^{-12}\,x$	$1.00\,x$	$\dfrac{1.24 \times 10^{-4}}{x}$
cm	$\dfrac{3.00 \times 10^{10}}{x}$	$\dfrac{1.00}{x}$	$\dfrac{2.86 \times 10^{-3}}{x}$	$\dfrac{1.99 \times 10^{-16}}{x}$	$\dfrac{1.24 \times 10^{-4}}{x}$	$1.00\,x$
nm	$\dfrac{3.00 \times 10^{17}}{x}$	$\dfrac{1.00 \times 10^{7}}{x}$	$\dfrac{2.86 \times 10^{4}}{x}$	$\dfrac{1.99 \times 10^{-9}}{x}$	$\dfrac{1.24 \times 10^{3}}{x}$	$1.00 \times 10^{-7}\,x$

Appendix 7

Summary of Mathematical Concepts used in chemistry.:
In this appendix a list of most widely used mathematical relations are given which are used at different places in the text of physical chemistry.

Logarithms :

$\ln a$ = $2.303 \log a$ or $\log_e a = 2.303 \log_{10} a$

$\log mn$ = $\log m + \log n + ...$

$\log m/n$ = $\log m - \log n$

$\log m^n$ = $n\log m$

Use of logarithms in chemistry : A few examples

1. Arrhenius Equation $k = Ae^{-E/RT}$

It can be written as:

$$\log k = \log A - E/2.303\ RT$$

The energy of activation E can be obtained by plotting $\log K$ versus $\frac{1}{T}$. The slope of the straight line would yield $E/2.303\ R$ and thus, the energy of activation E can be calculated.

2. pH of the solution can be obtained by using the logarithmic relation

$$pH = -\log\left[H^+\right]$$

3. Rate laws in chemical kinetics

First order chemical reaction is given by

$$k_1 = \frac{2.303}{t}\log_{10}\frac{a}{a-x}$$

4. Entropy calculations for ideal gases

For an isothermal change, the entropy change ΔS for a reversible process is expressed as,

$$\Delta S = nR\ln\frac{V_2}{V_1}$$

$$\Delta S = nR\ln\frac{P_1}{P_2}$$

5. Stirling's approximation

For large values of N, the Stirling's approximation may be represented as

$$\ln N! = n\ln N - N$$

6. Presentation of entropy (S) in terms of partition function (Z)

$$S = \frac{E}{T} + k\ln z$$

Some other Mathematical Relations :

Exponentials :

$$e^x e^y e^z \ldots\ldots = e^{x+y+z+\ldots}$$

$$e^x/e^y = e^{x-y}$$

$$\left(e^x\right)^a = e^{ax}$$

$$e^{\pm i\theta} = \cos\theta \pm i\sin\theta$$

$$e^{\theta} = 1 + \theta + \frac{1}{2}\theta^2 + \ldots\ldots$$

Taylor's expansions

$$f(x) = \sum_{n=0}^{\infty} \frac{1}{n!}\left(\frac{d^n f}{dx^n}\right)_a (x-a)^n$$

Differentiation :

$$\frac{d}{dx}(x^n) = n\,x^{n-1}$$

$$\frac{d}{dx}(c) = 0 \qquad \text{[Differentiation of a constant is zero]}$$

$$\frac{d}{dx}(u + v) = \frac{d}{dx}(u) + \frac{d}{dx}(v)$$

$$\frac{d}{dx}(uv) = u\frac{dv}{dx} + v\frac{du}{dx}$$

$$\frac{d}{dx}\left(\frac{u}{v}\right) = \frac{v\frac{du}{dx} - u\frac{dv}{dx}}{v^2} \qquad \text{when } v \neq 0$$

$$\frac{d}{dx}(\sin x) = \cos x$$

$$\frac{d}{dx}(\cos x) = -\sin x$$

$$\frac{d}{dx}(\tan x) = \sec^2 x$$

$$\frac{d}{dx}(\cot x) = -\operatorname{cosec}^2 x$$

If $\phi = f(x, y)$ and ϕ is an exact differential, then

$$\frac{\partial^2 \phi}{\partial x\,\partial y} = \frac{\partial^2 \phi}{\partial y\,\partial x}$$

If $\qquad u = f(x, y),$

then $\qquad du = \left(\dfrac{\partial u}{\partial x}\right)_y dx + \left(\dfrac{\partial u}{\partial x}\right)_x dx$

If $\quad G = f(T, P, n_1, n_2, ...)$

then $\quad dG = \left(\dfrac{\partial G}{\partial T}\right)_{P, n_1, n_2} dT + \left(\dfrac{\partial G}{\partial P}\right)_{T, n_1, n_2} dP + \left(\dfrac{\partial G}{\partial n_1}\right)_{T, P, n_2} dn_1 + \left(\dfrac{\partial G}{\partial n_1}\right)_{T, P, n_1} dn_2 + ...$

$$dE = TdS - PdV$$

$$dH = TdS + VdP$$

$$dA = -SdT - PdV$$

$$dF = -SdT + VdP$$

$$C_p = \left(\dfrac{\partial H}{\partial T}\right)_P = T\left(\dfrac{\partial S}{\partial T}\right)_P$$

$$C_v = \left(\dfrac{\partial E}{\partial T}\right)_v = T\left(\dfrac{\partial S}{\partial T}\right)_v$$

Integration :

$$\int x^n dx = \frac{x^{n+1}}{n+1} \qquad\qquad \int \sin x\,dx = -\cos x$$

$$\int \cos x\,dx = \sin x \qquad\qquad \int \sec^2 x\,dx = \tan x$$

$$\int \csc^2 x\,dx = -\cot x \qquad\qquad \int \sec x \tan x\,dx = \sec x$$

$$\int \csc x \cot x\,dx = -\csc x$$

$$\int_0^\infty x^n e^{-ax}dx = n!/a^{n+1}$$

Integral calculus in chemistry :

Integral calculus is widely used in chemistry

A few examples are

(i) In thermodynamics :

The work done (w) by the surroundings on the system is given by the integration of the factor $P.dv$ i.e.

$$W = \int_{V_1}^{V_2} PdV$$

$$= P(v_2 - v_1)$$

$$W = P\Delta V$$

(2) In chemical kinetics :

Deduction of rate laws: A mathematical expression which gives the rate $\dfrac{dx}{dt}$ as a functio concentration of reactants is called the rate law,

For a first order chemical reactions

$$A \longrightarrow \text{Products}$$

$$\frac{dx}{dt} = k_1(a - x)$$

which on integration gives,

$$k_1 = \frac{2.303}{t} \log \frac{a}{a-x}$$

The solution of Quadratic Equations

Any quadratic equation can be expressed in the following form

$$ax^2 + bx + c = 0$$

In order to solve a quadratic equation, the following formula is used,

$$x = \frac{-b \pm \sqrt{b^2 - 4ac}}{2a}$$

Example: Solve the quadratic equation

$$3x^2 + 13x - 10 = 0$$

In this case, $a = 3$, $b = 13$, $c = -10$

$$x = \frac{-13 \pm \sqrt{(13)^2 - 4 \cdot 3 \cdot (-10)}}{2 \times 3}$$

$$= \frac{-13 \pm 17}{6}$$

The two roots are therefore,

$$x = \frac{-13 + 17}{6} \quad \text{and} \quad x = \frac{-13 - 17}{6}$$

$$= 0.67 \qquad\qquad = -5$$

Appendix 8

Eutectic Mixtures

The eutectic temperature O_E is the lowest temperature at which both the solid components of a mixture are in equilibrium with the liquid phase. O_m denotes the melting temperature.

Components	Melting temperatures O_m	Composition of eutectic mixture % by mass	Eutectic temperature O_E
Sn	232	63.0	183
Pb	327	37.0	
Sn	232	91.0	198
Zn	420	9.0	
Bi	271	55.5	124
Pb	327	44.5	
Bi	271	60.0	146
Cd	321	40.0	
Cd	321	84.0	270
Zn	420	17.0	
Sn	232	99.2	227
Cu	1083	0.8	

Appendix 9

Composition of the Atmosphere

Gas	Volume percent in dry air
N_2	78.09
O_2	20.95
Ar	0.93
CO_2	0.03
Ne	0.0018
He	0.00052
Kr	0.00011
H_2	0.00005
Xe	0.000009
Rn	6×10^{-18}

Table of atomic weights

Element	Symbol	Atomic number	Atomic weight
Actinium	Ac	89	(227)
Aluminium	Al	13	27.0
Americium	Am	95	(243)
Antimony	Sb	51	121.8
Argon	Ar	18	40.0
Arsenic	As	33	74.9
Astatine	At	85	(210)
Barium	Ba	56	137.3
Berkelium	Bk	97	(247)
Beryllium	Be	4	9.0
Bismuth	Bi	83	209.0
Boron	B	5	10.8
Bromine	Br	35	79.9
Cadmium	Cd	48	112.4
Calcium	Ca	20	40.1
Californium	Cf	98	40.1
Carbon	C	6	12.0
Cerium	Ce	58	140.1
Cesium	Cs	55	132.9
Chlorine	Cl	17	35.5
Chromium	Cr	24	52.0
Cobalt	Co	27	58.9
Copper	Cu	29	63.5
Curium	Cm	96	(247)
Dysprosium	Dy	66	162.5
Mercury	Hg	80	200.6
Molybdenum	Mo	42	95.9
Neodymium	Nd	60	144.2
Neon	Ne	10	20.2
Neptunium	Np	93	(237)
Nickel	Ni	28	58.7
Niobium	Nb	41	9.29
Nitrogen	N	7	14.0
Nobelium	No	102	(259)

Element	Symbol	Atomic number	Atomic weight
Osmium	Os	76	190.2
Oxygen	O	8	16.0
Palladium	Pd	46	106.4
Phosphorus	P	15	31.0
Platinum	Pt	78	195.1
Plutonium	Pu	94	(242)
Polonium	Po	84	(210)
Potassium	K	19	39.1
Praseodymium	Pr	59	140.9
Promethium	Pm	61	(145)
Protactinium	Pa	91	(231)
Radium	Ra	88	(226)
Radon	Rn	45	(222)
Rhenium	Re	75	186.2
Rhodium	Rh	45	102.9
Rubidium	Rb	37	85.5
Einsteinium	Es	99	(254)
Erbium	Er	68	167.3
Europium	Eu	63	152.0
Fermium	Fm	100	(252)
Fluorine	F	9	19.0
Francium	Fr	87	(223)
Gadolinium	Gd	64	157.3
Gallium	Ga	31	69.7
Germanium	Ge	32	72.6
Gold	Au	79	197.0
Hafnium	Hf	72	178.5
Helium	He	2	4.0
Holmium	Ho	67	164.9
Hydrogen	H	1	1.0
Indium	In	49	114.8
Iodine	I	53	126.9
Iridium	Ir	77	192.9
Iron	Fe	26	55.8
Krypton	Kr	36	83.8

Element	Symbol	Atomic number	Atomic weight
Lanthanum	La	57	138.9
Lawrencium	Lr	103	(260)
Lead	Pb	82	207.2
Lithium	Li	3	6.9
Lutetium	Lu	71	175.0
Magnesium	Mg	12	24.3
Manganese	Mn	25	54.9
Mendelevium	Md	101	(256)
Ruthenium	Ru	44	101.1
Samarium	Sm	62	150.4
Scandium	Sc	21	45.0
Selenium	Se	34	79.0
Silicon	Si	14	28.1
Silver	Ag	47	107.9
Sodium	Na	11	23.0
Strontium	Sr	38	87.6
Sulfur	S	16	32.1
Tantalum	Ta	73	180.9
Technetium	Tc	43	(99)
Tellurium	Te	52	127.6
Terbium	Tb .	65	158.9
Thallium	Tl	81	204.4
Thorium	Th.	90	232.0
Thulium	Tm	69	168.9
Tin	Sn	50	118.7
Titanium	Ti	22	47.9
Uranium	U	92	238.0
Vanadium	V	23	50.9
Wolfram (Tungsten)	W	74	183.9
Xenon	Xe	54	131.3
Ytterbium	Yb	70	173.0
Yttrium	Y	39	88.9
Zinc	Zn	30	65.4
Zirconium	Zr	40	91.2

Note: The atomic weight for each element is based on the carbon-12 scale. Parantheses denote atomic weight for most stable for best known isotope.

المراجــــــــــع

Physical chemistry of surfaces. A.W. Adamson; Wiley, New York, **1976**.

Colloid science. A.E. Alexander and P. Johnson; Clarendon Press, Oxfrod, **1949**.

The dynamical character of a sorption. J. de Boer; Clarendon Press, Oxford, **1953**.

The sturcutre and action of proteins. R.E. Dickerson and I. Geiss; Benjamin, Menlo Park, **1969**.

Physical biochemistry. K. E. van Holde; Prentice-Hall, Englewood Cliffs, **1971**.

Physical biochemistry. D. Freifelder; W. H. Freeman, San Francisco, **1976**.

Basic physical chemistry for the life sciences. V.R. Williams, W.L. Mattice, and H.B. Williams; W.H. Freeman, San Francisco, **1978**.

Principles and problems in physical chemistry for biochemists (2nd edn), N.C. Price, and R.A. Dwek; Clarendon Press, Oxford, **1979**.

Biochemistry. L. Stryer; W.H. Freeman, San Francisco, **1981**.

Physical chemistry of macromolecules. C. Tanford; Wiley, New York, **1961**.

Principles of polymer chemistry. P. Flory; Cornell University Press, **1953**.

The handbook of biochemistry. H. Sober (ed); Chemical Rubber Co., Cleveland, **1968**.

Principles of polymer chemistry, **Brivi, rijski** – Beer Ulock 2 Moscow (1975).

*****

*****

Printed in the United States
By Bookmasters